吴志斌　编著

无人机 航拍教程

从飞手迈向航拍摄影摄像师

U0243812

化学工业出版社
·北京·

内容简介

本书跳出了当前相关航拍教材多为培养飞手的编写思路，以培养航拍摄影摄像师为编写初衷，构建训练摄影眼、强化基本功训练、掌握航拍镜头语言、用镜头讲故事、后期再创作的五个环节循环训练方式，采用"知识点+图解"的呈现方式，通俗易懂，深入浅出，是初学者的最佳引路指南，也是航拍从业者必备的速查手册。

具体内容的设置分为三大部分，第一部分是无人机航拍的概述、技术基础与艺术基础，即第1章至第3章内容；第二部分是无人机航拍的基本飞行训练、进阶训练和高阶训练，即第4章至第6章内容；第三部分是无人机航拍的后期再创作和航拍安全要求，即第7章、第8章内容。

本书可作为高等学校和高职院校的新闻传播或者影视艺术及相关专业的教材使用，也可供媒体、自媒体等社会上的广大航拍从业者和爱好者学习和参考。

图书在版编目（CIP）数据

无人机航拍教程：从飞手迈向航拍摄影摄像师/吴志斌编著. —北京：化学工业出版社，2024.3

ISBN 978-7-122-44558-2

Ⅰ.①无… Ⅱ.①吴… Ⅲ.①无人驾驶飞机-航空摄影-教材 Ⅳ.①TB869

中国国家版本馆CIP数据核字（2023）第234013号

责任编辑：李彦玲　郝英华　　　　文字编辑：谢晓馨　刘　璐
责任校对：边　涛　　　　　　　　装帧设计：王晓宇

出版发行：化学工业出版社
　　　　　（北京市东城区青年湖南街13号　邮政编码100011）
印　　装：北京新华印刷有限公司
787mm×1092mm　1/16　印张11¼　字数251千字
2024年4月北京第1版第1次印刷

购书咨询：010-64518888　　　　　售后服务：010-64518899
网　　址：http://www.cip.com.cn
凡购买本书，如有缺损质量问题，本社销售中心负责调换。

定　　价：49.80元

前言
PREFACE

无人机的普及和其应用场景的多元化，催生出越来越多对无人机航拍感兴趣的飞手、航拍爱好者和从业者。无人机航拍带来的独特视觉美感，让换个视角看世界成为可能。但会飞不等于会拍，飞行技术好不等于拍得好。目前，无人机航拍相关教材的编者多是航拍业界飞手，具有丰富的飞行经验，强调自身的飞手经验总结，侧重介绍无人机的飞行动作（如前进与后退、侧飞、环绕与旋转、上升与下降等），而不是用影视的镜头语言来指导航拍画面的运镜。因此，本书的编撰旨在跳出当前相关航拍教材多为培养飞手而不是航拍摄影摄像师的编写思路，融合无人机航拍制作的经验以及二十余年在摄影摄像教学上的思考，完成从飞手到专业航拍摄影摄像师的转变。

本书旨在通过训练摄影眼、强化基本功训练、掌握航拍镜头语言、用镜头讲故事、后期再创作五个环节的循环训练方式，帮助学习者完成一部无人机航拍作品。这种循环训练方式不是单向线性的，建议初学者先按照本书组织构架进行学习，建立对专业航拍摄影摄像师的认知和知识储备，然后再根据实操训练需要，跳转到某个知识体系进行针对性的学习。

环节一：训练自己的摄影眼。摄影眼其实就是"看见他人所不能见"的观察能力。掌握无人机航拍的艺术基础，并进行大量训练，可以让学习者用镜头捕捉肉眼不易察觉的形与色、光与影，从混沌中找到秩序。

环节二：强化无人机航拍的基本功训练。高超的飞行技术、对无人机的精准控制能力和危机处理能力，都是建立在将基本功内化于心、外化于行的基础上，经过无数次的基本飞行训练，练就肌肉记忆，养成空间感知能力。

环节三：掌握无人机航拍的镜头语言。无人机新飞手容易陷入飞行"炫技"的误区，而无人机航拍不只是飞行，需要建立用镜头语言来指导航拍运镜的意

识，学会如何拍摄一个规范的固定镜头和运动镜头。

环节四：确立无人机航拍的蒙太奇意识。成长为一名航拍摄影摄像师，需要带着剪辑思维去拍摄，通过拉片训练建立蒙太奇意识，拍摄成组镜头，完成蒙太奇句子和场景段落的航拍，用镜头讲述故事。

环节五：实现无人机航拍的后期再创作。无人机航拍的学习还包括建立作品意识，通过掌握剪辑、镜头组接、调色等处理技巧，对无人机航拍素材进行后期再创作，完成一部无人机航拍作品。

"一辈子，一本书"，我国当代著名的教育学家王道俊如是说，我深以为然。不少老一辈学者在自己的教学和学术领域深耕了一辈子，往往是毕生心血凝就一本书。在高校从事影像相关教学和研究工作二十余年，一直有心想把自己这些年来的教学心得形成文字。适逢无人机航拍的兴起，再加上无人机航拍课程的开设，让我真正开始着手本书的写作。鉴于无人机航拍仍是比较新兴的领域，书中有些观点或有偏颇之论，或有可商榷之处，以及有关文献出处可能存有挂一漏万之情况，希望能得到读者的批评指正。

在本书的写作过程中，得到了大量的支持和帮助。特别感谢我的研究团队，一次又一次地研讨，一轮又一轮地反复推敲，直到基本内容的最终确定，所有团队成员都为之付出了大量的努力。感谢已经毕业的学生吴冰颖、刘星位、徐燕明、任丰雪和赵翊辰等同学的前期基础性工作；感谢杨天怡、武嘉婧、林雨馨、林薇、陈姝宏、王雯、马盼盼、李波涛、袁玥、李袁颖、程彦奇、李欣、吴焓、包燕、张雯、钟成林等资料收集整理与部分文字的撰写工作；感谢林雨馨、陈姝宏、林薇、马盼盼的插画绘制工作；感谢李思宁、章子煜、张玥、刘雅慧、周麓可、苏玉民、汤霖等提供了部分航拍图片或视频素材。感谢上海大学新闻传播学院王虎教授、天津工业大学人文学院传媒艺术系赵鑫教授为本书提出的中肯建议。非常感谢我的工作单位南京航空航天大学为本书提供的出版资助与支持。最后，由衷感谢化学工业出版社的李彦玲老师和谢晓馨老师为本书所付出的辛勤劳动。

谨向以上所有人致以衷心的感谢！

吴志斌

2023 年 8 月

目
录

CONTENTS

第 1 章

无人机航拍概述：『会飞的照相机』

2018 年 9 月，世界海关组织协调制度委员会决定将大疆无人机归类为"会飞的照相机"。虽然"会飞的照相机"与"带照相机的飞行器"看似只是词语的顺序发生了变化，但从国际贸易的角度看，两者有非常大的差别。如果按照"带照相机的飞行器"归类，那么各国就按飞行器进行监管，贸易管制要求会比较严格，容易形成非关税贸易壁垒；而如果按照"会飞的照相机"归类，各国则对照相机没有特殊的贸易管制要求。从航拍的角度来看，航拍无人机其实就是"会飞的照相机"。因此，"会飞的照相机"这一说法对大疆无人机意味着在国际贸易方面有一张便利的通行证，而对无人机飞手则意味着要懂得如何理解与运用"会飞的照相机"来进行航拍摄影与摄像。

 1.1 / 换个视角看世界

航拍给人们提供了一种全新的视角来观察人们所生活的世界。人们通过无人机航拍，既可以像鸟儿一样在空中俯瞰世间万物，也可以回到人类视角在地面一览人间百态，还可以像蚂蚁一样贴地观察奇妙的世界，人们可以享受多种航拍视角变化带来的独特视觉美感。

1.1.1　　　鸟类视角：高空俯瞰

鸟瞰视角

人们对天空最初的憧憬就是对展翅高飞的向往。航拍最普遍使用的视角——鸟瞰视角，就是从空中来俯瞰人们所生活的地方。于是，当人们飞离地面从高处观察万物的时候，人们便惊叹于这种俯瞰世界的观看方式。鸟瞰视角（bird's-eye view），是指模仿在天空中飞翔的鸟类视角。鸟瞰镜头通常可以表现全知、宏大的视角，大多用于拍摄宏大、壮观的场景。随着航拍语言的不断丰富和扩展，航拍不仅开始参与叙事，更因其特殊的鸟瞰视角逐渐具备与众不同的叙事特色。

航拍让影像画面不再局限于摄影师脚步可及之处，能够全方位地交代拍摄主体与周围环境的关系，扩展影像空间和表现手法。鸟瞰镜头除了带给人们新奇的视觉感受，也拓宽了人类的思维认知，引发人们对人与自然的深思以及对地球家园的关注，这也成了许多航拍纪录片共同关心的话题。比如2009年法国纪录片《抢救地球》、2012年英国纪录片《鸟瞰地球》等都是以环境保护为主题，通过对大自然的俯瞰，让人们感受到自然的美丽与奇妙，也让人们认识到保护地球家园的重要性与紧迫性。

1.1.2　　　人类视角：回到地面

除了可以采用高空的鸟瞰视角，也可以依托无人机的低空飞行机动性能，飞回地面，采用人类视角来记录万千世界。这使航拍不再拘泥于高空拍摄，也不再局限于视觉奇观的展示，而是以人的视角来灵活展现更为丰富的画面细节，给予航拍影像更为广阔的表现空间。

由于固定翼飞机和直升机航拍的飞行特点，以及早期无人机航拍技术的局限，在人类视角的画面呈现上通常还是使用传统拍摄的地面镜头来讲述细节。直到2012年，大疆发布了全球首款三轴无刷电机直驱云台禅思Z15，开启了多旋翼无人机为主角的航拍时代。

并且，随着环境感知、视觉跟随、自主避障和悬停增稳等无人机关键技术的进步，使得航拍视角拉回地面成为可能，打破了航拍"长于宏观、弱于微观"的刻板印象。在2017年《航拍中国》的拍摄中，已经实现了所有镜头都用航拍方式来拍摄，不仅有高空鸟瞰视角，也有大量的低空人类视角，细致地展示了人们所在的生活世界，实现了高空镜头与低空镜头的相互补充。

1.1.3 / 蚂蚁视角：飞得更低

蚂蚁视角

人们对飞行的向往从未停止，对视觉美的追求也不曾停歇。当人们的视角从高空俯瞰回到地面后，又尝试贴地飞行，采用类似蚂蚁的视角来呈现极具视觉冲击力的航拍影像，也为人们观察世界提供了新的视角。

基于无人机技术的不断发展，FPV（First Person View，第一人称主视角）穿越机能够自由地贴地飞行，实现了"飞得更低"的可能。FPV穿越机小巧灵活，操控者可以通过佩戴VR飞行眼镜以第一视角进行操控，身临其境地体验更具视觉冲击力的蚂蚁视角，拍摄出更加丰富多变的航拍影像。由于FPV穿越机更加贴近地面，高速穿梭的航拍场景画面，能让观众获得更为极致的视觉体验。

1.2 / 航拍器进化史

从最初的载人气球、风筝，到现在的多旋翼无人机，航拍器在技术形态上始终以操控为中心，经历了从有人到无人，再到有人，之后又到无人的操控变迁，以及从航模到多旋翼的演化进程，每个阶段的航拍影像也呈现出独特的影像特点。

1.2.1 / 从有人到无人

19世纪上半叶，动力飞行技术与摄影技术几乎同时被发明开创并普及，航拍的鸟瞰画面由此从想象变成了现实。在早期航拍的发展进程中，航拍摄影师通过载人气球、风筝、信鸽、火箭等进行尝试，但航拍的可操控性都欠佳。

（1）载人气球

目前已知的第一张航拍照片诞生于1858年，由法国摄影师费利克斯·纳达尔（Félix

图1-1　纳达尔与载人气球

Nadar）在距离地面80米左右的系绳热气球上拍摄，记录了一个法国村庄的景色（图1-1）。由于早期火棉胶湿版摄影的技法，需要把暗房带上热气球，整个操作流程比较复杂，而且有时间要求，纳达尔为此进行了长达三年的实验。

　　载人气球作为航拍的先行载具，尽管将摄影师带上了天空，获得了前所未有的俯瞰视角，却存在着难以克服的不足与缺陷。一方面，在载人气球上拍摄照片流程复杂，而且难以保证照片质量；另一方面，载人气球容易受到风向与风速的影响，难以控制，安全系数低。虽然摄影师在载人气球上获得了航拍视野，但对航拍的操控仍然有较多的局限性。因此，借助一些无人飞行载具来实现航拍，成为当时众多航拍实验的探索方向。

（2）风筝

　　随着摄影技术的进步，把胶卷和更轻便的相机装到无人飞行载具上成为可能。风筝是最初的无人飞行载具。1882年，英国气象学家阿奇博尔德（E.D.Archibald）利用一长串风筝提供升力，将相机绑在最后一个风筝上，开创了风筝航空摄影技法。之后，法国摄影师亚瑟·巴图（Arthur Batut）在风筝放飞后用一个缓慢燃烧的保险丝自动定时触发相机快门，实现了无人自动控制航空摄影（图1-2、图1-3）。

图1-2　巴图的风筝

图1-3　1889年巴图用风筝拍摄的照片

　　对于空中摄影师而言，虽然载人气球更具有操控性，但安全性堪忧。著名的风筝摄影师乔治·劳伦斯（George R.Lawrence）在遭遇氢气球拍摄的重大事故之后将目光投向了风筝。1906年，劳伦斯使用风筝拍摄了一系列旧金山地震的航拍影像，向世人展示了令人叹为观止的画面（图1-4）。他特别设计的大画幅相机有一个弯曲的底片胶片板来记录全景图像（图1-5）❶。这台相机非常大也非常重，需要多达17只风筝才能把它举到2000英尺（约610米）高的空中。此外，劳伦斯还使用梯子和高塔来拍摄低空的照片。

图1-4　劳伦斯拍摄的旧金山　　　　　　图1-5　劳伦斯的改装相机

风筝航拍使摄影师规避了可能遭遇空中事故的风险，却也让他们完全失去了航拍视野。航拍的操控权完全交由风筝，而且风筝通常会受到天气和放飞地点的影响，因此风筝航拍影像往往充满了随机性。1910年至1939年，法国风筝航拍摄影师勒内·德斯克利（René Desclee）在30年的时间里，拍摄了100多张杰出的航拍照片，作品主要内容是比利时图尔奈市及其大教堂。然而，当时飞机航空摄影已经开始崭露锋芒，德斯克利的作品也标志着风筝航拍黄金时代的终结。

（3）信鸽

紧随风筝航拍之后的是信鸽航拍。1903年，德国摄影师朱利叶斯·诺布隆纳（Julius Neubronner）突发奇想地将小型摄像机绑在了信鸽胸前，由此拍摄到了信鸽视角下的航拍影像。后来又在此基础上设计出了一种很小的、可固定在信鸽胸间的相机，在信鸽飞行时可以每30秒自动曝光一次。

信鸽航拍的视角更为灵活，能够拍摄其飞行范围内的景色，将航拍视角扩展到载人气球与风筝无法达到的范围（图1-6）。然而，鸽子的飞行路径是不可控的，摄影师无法精准控制信鸽的飞行路径。此外，由于操控权与航拍视野的丧失，摄影师无法自由选择拍摄视角与拍摄对象（图1-7）。

图1-6　安装小型摄像机的鸽子　　　　图1-7　信鸽航拍的照片带有鸟翼

---

❶ Baker S, George R, "Lawrence & his aerial photos," *Naval History* 5, no.1（1991）: 60.

（4）火箭

火箭是在1906年才被成功用作无人飞行载具来进行航拍的（图1-8）。这一年，阿尔伯特·摩尔（Albert Maul）用压缩空气推动的火箭从2600英尺（约792米）的高空拍摄了一张空中照片后，相机从火箭上弹射下来，通过降落伞降落到地面上。事实上，早在1903年他就为使用火箭航拍申请了专利。1904年，他开始测试由火箭发射并由降落伞回收的陀螺仪稳定相机。到了1912年，他向奥地利军队展示了他完美的火箭，但那时飞机已经被认为是更有效的航拍方式了。

图1-8　火箭航拍

1.2.2　再从有人到无人

随着固定翼飞机、直升机逐渐运用到航拍实践中，航拍摄影师可以乘坐其中来获得更好的航拍视野和更自由的航拍操控。无人机航拍的出现更是让航拍摄影师在地面上就可以实现航拍的灵活操控，航拍从此变得越来越具有可操控性。

（1）固定翼飞机

图1-9　*Wilbur Wright un seine*
Flugmaschine 短片中的画面

固定翼飞机的诞生使航拍从无人飞行载具又回到了载人飞行平台。1903年末，莱特兄弟的"飞行者一号"飞机在美国北卡罗来纳州基蒂霍克附近的海滩上起飞，航拍再次迎来了一个新的时代。

第一张从飞机上拍摄的照片来自威尔伯·莱特（Wilbur Wright），是从他本人设计并驾驶的一架轻型飞机上拍摄到的，大概摄于1908年至1909年间。❶1909年，威尔伯·莱特也是驾驶着这架飞机在意大利上空拍摄了一部名为《威尔伯·莱特和他的飞行器》（*Wilbur Wright un seine Flugmaschine*）的无声短片（图1-9）。

此后，固定翼飞机航拍广泛运用于军情侦察和国土资源测绘之中，其中一个主要原因是固定翼飞机航拍将操控权重新赋予摄影师，使得摄影师的能动性与航拍器的可控性得到了有效结合。一方面，

❶ Miss Cellania，"The History of Aerial Photography，"accessed July 9，2007，http://mentalfloss.com/article/16649/history-aerial- Photography.

固定翼飞机不像载人气球那样安全性差,也不像风筝、信鸽和火箭那样可控性差,其飞行安全性得到了很大提升,飞行轨迹和飞行范围也能够自主控制;另一方面,飞机重新将摄影师带到了天上,摄影师重新获得了空中的航拍取景视野,能够选择拍摄对象和取景范围。但是,固定翼飞机的速度太快且不能悬停,在选择拍摄对象时依然难以精确操控。因此,固定翼飞机在航拍中仍然有很大的局限性。

（2）直升机

20世纪时,固定翼飞机航拍的缺陷被直升机破解了。直升机可以低空、低速飞行,而且能在空中悬停,这使得航拍可以进行更加精准的控制和多样的选择。

直升机航拍这种方式,最先被运用于好莱坞的电影拍摄中,后来在电视纪录片中也有大量运用。早期直升机航拍需要摄影师探出身体到机舱外拍摄,这使航拍画面的稳定性和摄影师的安全性存在一定的问题。随着技术的不断进步,如今摄影师使用直升机航拍时,不仅可以安全舒适地坐在机舱里,而且能通过屏幕和操控装置来操控挂载在直升机下面的摄像机,来获得画面平稳、运动丝滑的高质量影像。可以说,直升机航拍在航时、航程、航高以及搭载拍摄设备的性能等方面有着几乎无可比拟的优势。但是,直升机航拍使用成本高昂、专业技术门槛高,也使其仅出现在特定的航拍场景中,无法"飞入寻常百姓家"。

（3）无人机

无人机的研制自20世纪初就开始了。1910年,美国军事工程师查尔斯·科特林成功研制了无人驾驶飞行器,取名为"科特林空中鱼雷""科特林虫子",其控制原理是利用钟表机械装置来对飞机进行自动控制。1933年,英国研制的第一架可复用无人驾驶飞行器"蜂王",其控制原理改为无线电遥控。

与载人飞机相比,无人机往往更适合执行危险的任务,所以无人机被广泛地用于执行军事任务。由于无人机在战争中的突出作用,大量高科技如智能飞控技术、图传通信技术等被应用到无人机的研制中,极大地推动了无人机的快速发展。随着无人机技术的发展,无人机也从军用走向民用,航拍无人机由此崭露头角并迅速普及开来。在经历了风筝、鸽子、火箭等"无人"航拍后,摄影师终于再次找到了更容易操控的无人航拍方式,这为航拍影像的大量生产和传播提供了一种新的选择。

1.2.3　从航模到多旋翼

无人机航拍始于对航模的改造。最初的航模航拍是将数码单反相机等拍摄设备固定在航模之上,飞手通过遥控器操控航模飞行并进行拍摄。此时的飞手更像是航模手,而不是无人机摄影摄像师。他们注重的是能在空中拍下景物,画面的构图、色彩和运动并不十分讲究。当然,这也是由于航模的技术特点所限,飞手在控制航模飞行时无暇顾及画面的美感。由于航模拍摄效果不理想,一些技术型的航模爱好者开始对航模进行改造,自行组装四旋翼飞行器。这种四旋翼飞行器可以在空中自由飞行和悬停,更适用于航拍操控。由此，航拍无人机初具雏形，但仍然是一种作为"玩具"的无人机。

无人机技术的飞速发展，让无人机不再停留于玩具意义上的航模，逐渐走向专业航拍无人机。2010年以前，无人机航拍主要使用固定翼无人机和无人直升机。之后，随着多旋翼飞控系统如WooKong-M、Naza-M、XAircraft等的推出，多旋翼无人机实现了姿态增稳的飞行控制方式，真正开启了无人机航拍的发展热潮。2012年至2014年，随着图像传输技术的成熟，大疆消费级无人机走向市场，无人机航拍进入普及时期。2014年至2015年，随着高清技术的发展，大疆推出"悟"（Inspire 1）无人机，无人机航拍开启了高清时代。2016年以来，随着智能跟随、自动返航等智能技术的应用，无人机航拍迈进了黄金时代。

1.3 / 航拍影像发展史

伴随着航拍器和航拍技术的演进，航拍影像经历了从静态摄影到动态影像的变迁。由于早期影像技术发展的历史局限，只能拍到静态的航拍照片。随着技术的不断发展，动态影像的拍摄愈发成熟，这也奠定了航拍动态影像的基础。而且，航拍影像不仅带来新奇而刺激的视觉美感，也逐渐参与到影像叙事之中，成为独特的航拍镜头语言。随着航拍影像的大量生产和传播，航拍甚至正在成为一种独特的视觉文化。

1.3.1 / 呈现方式：从航空摄影到动态影像

世界上已知的第一张航拍照片是由法国摄影师纳达尔于1858年在热气球上成功拍摄的，不过遗憾的是，这张照片未能留存下来。目前能看到的最早的航拍照片是美国人詹姆斯·华莱士·布莱克（James Wallace Black）于1860年在热气球上拍摄的波士顿景象（图1-10）。

中国目前已知最早的航拍照片收录于1902年出版的摄影集《气球下的中国》（La Chine à terre et en ballon）。这本42页（含封面）的摄影集共有照片272张，其中航拍照片12张，8张拍的是北京城。这些航拍照片是1900年八国联军侵华时，法国远征军3名军官普雷森特、卡梅尔和迪舍尔，利用军用侦察氢气球拍摄的。这些航拍照片留下了晚清时期北京、天津等城市的风貌，是研究中国早期航拍影像的珍贵资料，更是八国联军野蛮侵略行径的铁证（图1-11）。

图1-10 1860年波士顿航拍照片

飞机航拍不同于热气球航拍，它对航拍相机提出了更高的要求，不断推动航拍技术的迭代更新。1917年，柯达公司开发出专门的航空照相机及航空摄影软片，这一发明被广泛用于第一次世界大战。同时彩色摄影技术、红外摄影技术以及多波段摄影技术等在这一时期都得到了快速发展，并且应用于航空拍摄之中。然而，相机的稳定性和快门速度仍然是个问题，在第一次世界大战接近尾声时，谢尔曼·M.费尔柴尔德（Sherman M.Fairchild）开发了一种快门位于镜头内的相机，这种设计大大提高了图像的质量，因而成为航空摄影系统配置（图1-12）。

图1-11　法国远征军拍摄现场　　　　图1-12　费尔柴尔德的相机

随着电影摄影机的发明，航拍影像开始从静态摄影发展为动态影像。如前文所提到的，威尔伯·莱特早在1909年就驾驶着自己设计的一架轻型飞机在意大利上空拍摄了一部无声短片，当时的摄影机安装在飞机左下翼靠近莱特座位的位置。

动态航拍影像的新奇与刺激，很快被好莱坞运用到电影创作之中。目前能追溯到的好莱坞最早的航拍影像来自1912年的喜剧短片《云霄大营救》（*A Dash Through the Clouds*）。电影和航拍的结合甚至催生出了一个新的电影类型——航空电影。此后，一大批的航空电影如《地狱天使》（*Hell's Angels*，1930）、《飞到里约》（*Flying Down to Rio*，1933）等令人叹为观止，直到今天《壮志凌云》（*Top Gun*，1986）、《歼十出击》（2011）等许多航空电影也仍然为人们所赞叹不已。

1.3.2　表现手法：从震惊美学到参与叙事

早期的航拍影像常常糅合了喜剧、惊悚等元素，正如电影史学家汤姆·古宁（Tom Gunning）所说的好莱坞吸引观众的构成性元素"惊讶美学"❶，并逐渐发展成为震惊美学。

---

❶ Gunning T，"An Aesthetic of Astonishment：Early Film and the（In）Credulous Spectator，"*Art and Text* 34（1989）：31.

在好莱坞早期的影片中，航拍影像与生俱来的震惊感使其与西部片、战争片成为绝佳拍档。在早期的西部片如《高天》（*Sky High*）、《空中牛仔》（*The Flyin'Cowboy*）等影片里，航拍影像从上帝视角记录了自然地理景象的辽阔与壮美，并通过空中特技表演将西部英雄的高光时刻带到了空中，增添了英雄的别样魅力（图1-13）。在战争片《铁翼雄风》（*Wings*）、《地狱天使》（*Hell's Angles*）等影片中，航拍展示了壮观的空战场景，描绘了震撼人心的空战史诗（图1-14）。在这些航空电影取得成功之后，好莱坞生产了大量的航拍空战类型的战争片。

图1-13 《高天》中的航拍俯瞰镜头与空中特技镜头

第二次世界大战之后苏联也在众多卫国战争的电影中大量使用航拍，用于表现空前的战争场面，增强影片的史诗意蕴。在著名的系列影片"卫国战争三部曲"中，导演尤里·奥泽洛夫就使用了大量航拍镜头还原战争全貌，航拍视角带来的震惊感令人叹为观止。我国史诗级电影《大决战》里面也有大量由直升机航拍完成的航拍镜头，展现了恢宏壮观的历史画卷。

随着航拍器朝着直升机、无人直升机、多旋翼无人机等方向发展，航拍的画面表现力得到了进一步拓展。鸟瞰视角不再是唯一的画面表现方式，各种复杂的运动、超低空的飞行，以及拍摄中超强的机动性、平稳的画面，重塑了航拍的创意与表现，航拍也真正成为"会飞的镜头"。这在2017年推出的现象级航拍纪录片《航拍中国》中得到了大量体现，此片中所有画面均采用航拍拍摄，赢得了观众的称赞和认同，在国内掀起了一股航拍热潮。

图1-14 《地狱天使》空中战役场景

航拍所具有的视觉奇观与震惊体验，以及速度、胆量与浪漫的特质，与影片的画面冲击力和故事表达完美契合。航拍不再局限于独特视角下的视觉奇观，而是真正参与到影片的叙事之中。总的来说，航拍创新出一种有别于传统影像的观看体验，并由一种影像创作手法逐渐发展成为一种视觉文化。

1.4 / 无人机航拍的应用场景

与传统航拍器相比，无人机具有经济、安全、操控简便等优势，直接推动了航拍作为一种视觉文化的生产和传播。近年来，随着无人机航拍技术的不断更迭，无人机航拍的应用场景越来越多元，不仅应用于电影、电视剧创作，而且还广泛用于新闻报道、纪录片等纪实影像创作，甚至在短视频平台上也出现了大量的航拍短视频创作。

1.4.1　无人机航拍在影视剧中的应用

航拍最初进入影视创作时多用于表现壮观的鸟瞰场面，凸显恢宏的气势，强调奇观和震撼感。20世纪的影视剧，特别是战争片、西部片、风光片中，我们不难看到航拍的身影，但囿于航拍相关技术的限制和航拍镜头美学的影响，航拍影像的画面表达相对单一。随着无人机技术的不断发展，航拍无人机具有更为丰富多元的表现力，为影视剧创作带来了更多选择。

如今，无人机航拍成了影视剧制作的一个重要选项。无人机小巧灵活，能够搭载多种高清电影镜头，完成复杂航线的拍摄，如穿越桥梁、城市街区等狭窄空间，或者拍摄一些爆炸场面等危险场景。无人机航拍不仅能完成传统的影视镜头，如推、拉、摇、移、跟、升、降等镜头，而且无人机航拍的天地一体镜头、超大范围的运动镜头更能给予观众特殊的身临其境之感，尤其无人机在近距离、狭小空间或室内的穿越飞行，又有一种深入探访、探知奥秘的隐喻表达，这些手法都是传统拍摄方式难以实现的。

无人机航拍在影视剧中时常用于交代主体与环境的关系，与地面镜头进行蒙太奇组接，能够形成独特的叙事表达，极大提升画面的视觉张力。航拍镜头常用于影视剧场景中的定场画面，也常作为影视剧的开篇镜头或者结尾画面，往往成为一种富有意味的表达形式。

1.4.2　无人机航拍在新闻纪实影像中的应用

在新闻纪实影像中，无人机航拍的应用包括纪录片和新闻报道。如果说影视剧制作经费充裕，能够通过前期特技拍摄或后期特效合成来获得所需要的航拍画面，那么对于追求真实与客观的新闻纪实影像而言，无人机航拍不仅是一种极具性价比的拍摄方式，而且还可以作为一些难以进入的特定场景的更佳的纪实影像记录方式。

无人机航拍的鸟瞰视角不仅丰富了画面的表达，使影像更具冲击力与感染力，而且大景别叙事还能够客观展示场景，让观众一览各种场景的全貌，从而获得更真实的情感体验。在纪录片《航拍中国》中，从江南水乡到高原雪山，从亭台楼阁到高铁油田，无人机航拍带领人们换个视角来欣赏中国璀璨辉煌的自然景观、人文景观和建设成就。

与传统的新闻纪实拍摄相比，无人机在突破场地的限制方面具有天然的优势。在高山、悬崖、森林等拍摄难度极高的特殊场景中，尤其在一些人类无法抵达的灾难现场或者高危地域，无人机因其小巧灵活、安全稳定、拍摄成本低、随飞随停等优势，能比较容易地突破自然条件、地形条件的限制，完成拍摄任务。更重要的是，无人机能够在高危区域作业，实时传回航拍影像数据，极大地保障了媒体报道人员的安全。以"8·12天津滨海新区爆炸事故"为例，在事故原因不明、伴随剧烈爆炸、伴有大量有害气体的情况下，记者无法第一时间进入核心区域进行报道，此时通过操控无人机进入核心爆炸区域拍摄新闻画面，无疑成为一种最佳选择。这种通过无人机拍摄到的真实影像资料，无疑增强了新闻纪实的真实性和传播力。

1.4.3 无人机航拍在短视频中的应用

《一路向北》

随着消费级无人机市场的迅速扩大，航拍短视频的浪潮也应运而生。在各大短视频平台上，各种以航拍画面为特色的短视频构成了一道独特的风景线，成为一些自媒体新的视频表达方式。自媒体的特质使得"第一眼"变得尤为关键，无人机航拍在短视频中致力于表现极致的震撼与美感，在构图、运镜、剪辑和配乐等方面往往颇费心思。经过精心规划设计的航拍画面本身即是奇观，再通过音乐、文案等引起观众共情，加之镜头转场的创意表达，使得视频虽"短"而信息却"密"，具有很强的感染力，更容易夺人眼球而破圈。

总的来看，当下的无人机航拍短视频创作更多的是围绕航拍画面的视觉奇观来展开的。这些航拍短视频的创作模式，通常是紧扣单一主题，围绕同一主体进行单一线索叙事。航拍内容多以地标性建筑、标志性景点为主体，使观众感到既陌生又熟悉，也有一些以奇特地貌或奇异的人文景观为主体，吸引观众的观看兴趣。在叙事方面，多表现为围绕单一线索，如加入时间的流动，或结合空间的纵深，再通过急速穿越、日夜转换或天地一体等表现手法来完成一种视觉奇观的创作。当然，近年来一些航拍大赛如纽约航拍电影节、大疆天空之城摄影大赛等，也涌现出了一些创意独特、构思精巧、叙事精妙的航拍创意短片。相信假以时日，无人机航拍短视频以其独特的视角和画面表现力，必将成长为更具艺术探索性的短片类型。

思政小课堂

观摩和比较《航拍中国》和《俯瞰中国》两部航拍纪录片创作手法的不同，思考如何讲好中国故事的叙事策略。

《航拍中国》的受众定位主要是中国观众，采取全航拍镜头的方式，让人们跳出日常的视角，换个空中视角来欣赏中国璀璨辉煌的自然景观、人文景观和建设成就，通过熟悉的陌生化手法来实现大美中国的审美体验。

而《俯瞰中国》的受众定位主要是外国观众，采取"航拍镜头＋地面镜头"的方式，让外国观众先从空中航拍画面来领略中国独特的自然景观、人文景观和建设成就，然后再通过地面镜头来更深入地理解中国，通过由陌生到熟悉的手法来更好地讲好中国故事。

第 2 章

无人机航拍技术基础：认识你的无人机

无人机航拍的不断普及，得益于无人机航拍技术的日趋完善。无人机航拍拥有便携性好、机动性强、性价比高，以及高画质、智能化等优点，受到了消费级无人机市场和影视行业应用市场的广泛欢迎。作为一名航拍摄影摄像师，有必要掌握多旋翼无人机的基本飞行原理、构造以及无人机关键技术和应用等技术基础知识。

2.1 / 无人机的飞行原理及构造

常见的无人机一般分为固定翼无人机、无人直升机和多旋翼无人机。航拍中常用的无人机是多旋翼无人机，下面主要介绍多旋翼无人机的飞行原理及其构造。

2.1.1 / 多旋翼无人机的飞行原理

多旋翼无人机的飞行原理主要是用多个电机控制相应螺旋桨的转速和方向，通过升力的变化来实现无人机飞行姿态的控制。多旋翼无人机通常采用多旋翼飞行器的轴数或旋翼数的方式进行命名，如四轴四旋翼、六轴六旋翼、四轴八旋翼、六轴十八旋翼等。为了避免无人机旋翼带来的自转，需要设计一个反方向的作用力来平衡旋翼对机身的反扭矩，从而起到平衡机身的作用。以四旋翼无人机为例，它是通过相对两旋翼转向相同、相邻两旋翼转向相反的设计，来实现平衡控制的目的。如图2-1所示，电动机1和电动机3逆时针旋转，同时电动机2和电动机4顺时针旋转。

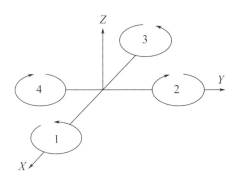

图2-1 四旋翼无人机的运动示意图

那么，四旋翼无人机是如何实现垂直运动、俯仰运动、横滚运动和偏航运动这四种运动控制的呢？

（1）垂直运动（升降控制）

四旋翼无人机在垂直方向上的升降控制其实很简单，就是通过升降控制通道（Thrust）同步增加四个电机的输出功率，四个旋翼转速同时加快，升力增大，无人机垂直上升；反之，则垂直下降（图2-2）。当旋翼产生的升力等于无人机的自重时，无人机就处于悬停状态。因此，控制四个旋翼转速同步增加或减小以改变升力的大小，是理解垂直运动的关键。

（2）俯仰运动（前后控制）

四旋翼无人机在前后方向上的控制其实也不难理解，就是通过俯仰角控制通道（Pitch）同步增加机尾两个电机的输出功率，保持或降低机头两个电机的输出功率，旋翼转速前低后高，利用无人机姿态前倾在水平方向上的分力，实现向前飞行运动；反之，无人机向后运动，如图2-3所示。

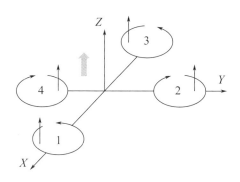

图2-2 多旋翼无人机的垂直运动

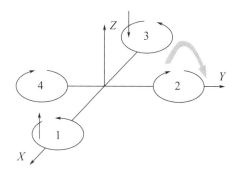

图2-3 多旋翼无人机的俯仰运动

（3）横滚运动（左右控制）

四旋翼无人机在左右方向上的控制和前后方向的运动道理相同，就是通过横滚角控制通道（Roll）同步增加左侧两个电机的输出功率，保持或降低右侧两个电机的输出功率，旋翼转速左高右低，利用无人机姿态右倾在水平方向上的分力，实现向右飞行运动；反之，无人机向左运动，如图2-4所示。

（4）偏航运动（旋转控制）

前面介绍了用两对相反方向的旋翼来平衡机身，在四旋翼无人机的旋转控制方面，其实是它的一种不平衡运用。它是通过偏航角控制通道（Yaw）同步增加顺时针方向两个电机的输出功率，保持或降低逆时针方向两个电机的输出功率，顺时针方向的力大于逆时针方向的力，实现无人机的顺时针旋转；反之，无人机逆时针旋转，如图2-5所示。

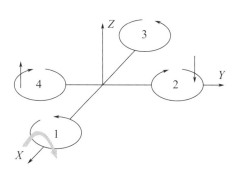

图2-4 多旋翼无人机的横滚运动

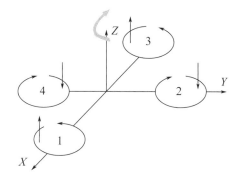

图2-5 多旋翼无人机的偏航运动

2.1.2 多旋翼无人机的构造

无人机一般采取模块化的设计，多旋翼无人机一般由动力系统、飞控系统、图传和遥控系统以及摄录系统等模块构成，不同的功能模块组件共同组成不同应用场景、执行不同任务的多旋翼无人机。

（1）动力系统

动力系统为无人机提供飞行动力，多旋翼无人机动力系统通常由电动机、电子调速器、螺旋桨和动力电池等组成。

电动机：俗称"马达"，一般采用直流电动机，由电动机主体和驱动器组成，是一种将电能转换成机械动能的机电一体化产品。多旋翼无人机用的电动机主要以抗干扰、噪声低的无刷直流电动机为主，通过控制电动机的输出功率来为旋翼提供不同飞行姿态所需要的动力。电动机的主要参数是KV值，KV值越大，转速越快。电动机选用的规格需要根据无人机的用途、机架的大小和承载量来决定。

电子调速器：又称"电调"，其作用是根据接收到的飞控信号向电动机发出指令，来控制电动机的转速和转向。在多旋翼无人机中，电调还为其他机载电子设备提供稳定电压。

螺旋桨：又称"旋翼"，是安装在电动机上为多旋翼无人机产生升力的部件。螺旋桨分为正反桨，当电动机驱动螺旋桨转动时，螺旋桨会产生一个反扭力，这会导致机架旋转，所以多旋翼无人机通过正反桨的旋转相互抵消这种反扭力，通过力的平衡来实现无人机的平衡状态。此外，需要注意的是，不同拍摄条件下选择合适的螺旋桨，可以提高动力效率和保障飞行安全。根据拍摄环境的不同，通常有"普通桨"和"高原桨"之分。在高原地区，因为空气稀薄，普通桨产生的升力往往不足而影响飞行，建议使用"高原桨"。其他地区用"高原桨"因空气阻力大，会降低动力效率，所以使用"普通桨"就可以。

动力电池：是多旋翼无人机的电力来源，关系到多旋翼无人机的许多关键参数，例如续航时间、载重量和飞行距离等。多旋翼无人机使用的电池一般是专用的锂聚合物电池。目前市面上主要分为普通飞行电池和智能飞行电池。在整个飞行系统中，电池作为能源储备，为整个动力系统和其他机载电子设备提供电力来源。通常情况下，电池容量越大，续航能力越强。智能电池对电能的智能管理也能提升一定的续航能力。

（2）飞控系统

飞控系统能实现无人机飞行控制、任务管理和应急控制等核心功能，是无人机的"大脑"，也是无人机最为关键的核心技术之一。飞控系统一般主要包括主控单元、惯性测量单元、GPS模块、指南针和LED指示灯等。大多数飞控系统是可以进行二次开发的开源系统。

主控单元：即飞行控制器（Flight Controller），是飞控系统的中央处理器，用于计算和处理无人机的各种飞行数据，并发送指令控制无人机的飞行姿态、高度、速度和方向等。

惯性测量单元（IMU）：是飞控系统的传感器，用来感知无人机的飞行姿态变化，主要包括陀螺仪、加速度计和气压计。陀螺仪又叫角速度传感器，是飞控系统中用来监测无人机三轴方向上的角速度，以保证机身的平稳。加速度计是通过加速度在各轴上的量来判断倾斜角，从而测量三轴方向上的加速度。气压计则是通过测量气压来确定飞行高度的传感器。当无人机提示IMU校准时，需要按照提示的步骤进行校准，否则传感器的数据不精确，会影响飞行控制的准确度。

GPS模块：主要由定位系统、导航系统和电子地图组成，用于测量多旋翼无人机飞行的经纬度、高度、航向等信息，提供多旋翼无人机的精确位置。搜星后的卫星数量越多，定位就越精确，有助于无人机定点返航。

指南针：用于指示无人机的地理坐标方向，帮助辨别无人机所在的方位，从而更好地进行飞行操控。指南针容易受到环境中的磁场影响，所以当提示指南针校准时，同样需要及时按照提示的步骤进行校准，以免影响飞行或返航。

LED指示灯：主要是通过"灯语"来帮助确定无人机的飞行状态。

（3）图传和遥控系统

遥控系统主要由图传系统和遥控器组成。

图传系统：是无人机拍摄的影像传输系统，分为模拟图传和数字图传，分别采用模拟或数字信号处理技术、信道传输技术等，将无人机在空中拍摄的画面实时传输到遥控接收端和显示器上。无人机图传距离、传输速度和传输质量是衡量图传系统性能的主要参数。

遥控器：其作用是远距离操控无人机，同时可以在屏幕上实时监控无人机的拍摄画面，并显示各项参数。

（4）摄录系统

航拍无人机搭载的摄录系统主要包括云台和成像系统。

云台：为机载相机或数字电影机提供增稳控制系统，能够减少无人机飞行中的抖动，并让拍摄的画面更加流畅。大部分消费级无人机的云台和无人机是由一个遥控器控制，但专业级无人机如大疆的"悟"系列也可以分开控制。飞手控制无人机飞行，云台手控制云台来实现更丰富的运镜。

成像系统：包括数字照相机或数字电影机等。消费级无人机一般是一体化的相机。专业级航拍无人机则根据拍摄的不同需求，可以挂载不同的专业摄录一体机，从小摄像头到运动相机，再到微单，甚至可以是全画幅单反以及专业摄影机。

2.2 无人机的关键技术及应用

无人机航拍的迅速发展，离不开技术的不断进步与迭代。航拍无人机的关键技术主要包括图像传输技术、悬停增稳技术、电池续航技术、全向避障技术、视觉跟踪技术等。

2.2.1 图像传输技术：实时呈现图像

随着无人机航拍对画质的要求越来越高，影像数据量呈指数级增长，对图像传输的实时性和流畅性也提出了越来越高的要求。因此，无人机航拍的图像传输技术不只要求无人机上搭载的发射模块能将摄像头拍摄到的图像不中断地传输回来，而且要求能够实时呈现（图2-6）。当下航拍无人机的图像传输技术主要分为模拟图像传输技术和高清数字图像传输技术两种。

图2-6　图像传输系统分布示意图

（1）模拟图像传输技术

模拟图像传输是对模拟图像信号进行信源和信道处理，并通过模拟信道传输或存储的过程。在影像数字化之前，早期的影像如无线电视都是模拟信号，采用模拟图像传输的方式。模拟图像传输具有广播的优点，且模拟视频信号基本没有延迟。但缺点也很明显，模拟图像信号易被干扰、有衰减，画质也相对较差。由于模拟图像信号易被干扰、功耗大，现在消费级多旋翼航拍无人机几乎不再使用模拟图像传输技术。但由于模拟图像传输延时低，在一些穿越机的图像传输应用上仍有使用。随着数字图像传输技术的进步，穿越机也越来越多地使用数字图像传输方式。

（2）高清数字图像传输技术

数字图像传输是指图像信号经过信源和信道的数字化编码和压缩，进行数字信号传输或存储的过程。与模拟图像传输相比，数字图像传输的画质更好，且稳定性更强。但是当数字信号减弱时，传输图像的帧率会逐渐降低，甚至丢失画面。

目前，航拍无人机大多使用数字图像传输系统。2014年11月，大疆发布的第一款"悟"（Inspire 1）无人机是全球首个使用4K相机、高清数字图像传输的航拍无人机，是一款搭载Lightbridge高清数字图像传输系统的一体化航拍四轴飞行器，成为当时入门级商业航拍的主要使用机型。2015年3月，大疆发布的精灵3（Phantom 3）四旋翼无人机使用的也是高清数字图像传输技术，极大地提升了消费级无人机航拍的操纵体验和画质，标志着消费级无人机正式进入高清时代。

2.2.2 悬停增稳技术：保持画面稳定

一般拍摄的基本要求是做到"稳、平、准、匀"，所以航拍无人机首先要能够保持水平稳定飞行，这主要依赖其飞控系统。飞控系统通过惯性测量单元的传感器对无人机状态的测量，来实现飞行姿态控制、航向控制、高度控制和速度控制等，从而让无人机的飞行姿态更加稳定，飞行动作变化更加平滑流畅（图2-7）。

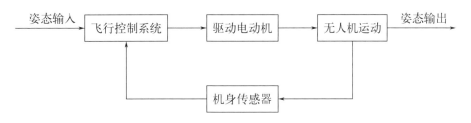

图2-7　多旋翼无人机控制系统框图

无人机云台对拍摄画面有稳定作用。云台的主要作用是减小无人机飞行过程中的振动，并在飞行运动时保持相机的稳定，它主要通过传感器（角速度计、加速度计、气压计等）感知机身的动作，在俯仰、横滚和偏航三个轴向对相机进行增稳，抵消机身晃动或者振动的影响（图2-8）。当然画面的稳定流畅程度与飞手的操作也密切相关。此外，一些基于光学或数码图像稳定技术的防抖功能也逐渐在航拍无人机中开始应用。

除了稳定性能好，航拍无人机还有一个强大的优势，就是能够实现空中悬停拍摄，这是其他航拍工具难以实现的。在无人机之前的航拍工具，像热气球需要在无风系绳的情况下才可能实现空中悬停拍摄，而对于风筝、信鸽、火箭、固定翼飞机等来说基本上是一项不可能完成的任务。直升机虽然能够实现空中悬停拍摄，但早期由于稳定技术和悬停技术的不成熟，难以获得理想的画面。

如今多旋翼无人机完全可以实现空中悬停拍摄，一是由四个旋翼同步产生的升力正好与自身重力相等，使无人机得以停留在一定的飞行高度；二是由两对正反旋翼同步产生的总扭矩为零，使无人机不一直自转；三是由GPS模块和视觉定位系统实现精准悬停（图2-9）。上述这些特点使得无人机空中悬停航拍成为可能。

图2-8　无人机机载云台相机

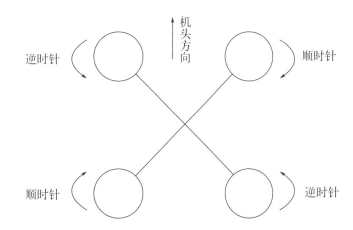

图2-9　多旋翼无人机悬停原理

总之，悬停增稳技术的发展让无人机航拍既能实现空中定位的固定镜头拍摄，也在一定程度上能完成推、拉、摇等运动拍摄，让无人机航拍朝着更加精准、更为专业的方向迈进。

2.2.3 电池续航技术：延长飞行时间

无人机的续航能力取决于动力电池的性能。总体来说，航拍无人机对飞行时间的要求较高，如无人机新闻拍摄由于需要及时获取第一现场的画面，航拍时间很难准确把握，容易错过重要的新闻镜头。现在的航拍无人机主要采用锂电池，一次升空的飞行时间大多在20～30分钟。虽然续航能力有了一定的提升，但对于航拍来说还是很有限，需要进一步提升无人机的续航能力。目前，主要是通过"开源"和"节流"两种方式来实现。

"开源"是通过动力电池的技术进步来提升航拍无人机的续航能力。近年来，各种动力电池技术取得了很大的突破，例如锂电池、燃料电池、固态电池等新型电池技术的创新与应用。虽然一些特种行业无人机采用燃油或氢燃料等作为动力，续航能达到数个小时，但其成本过高，目前还没有应用于航拍无人机。相信随着动力电池技术的不断创新，无人机空中飞行时间也将得到较大幅度的延长，为长时间航拍提供技术支持。

除了"开源"外，也可以通过"节流"的方式延长续航时间。一是通过优化电动机和螺旋桨之间匹配，在同样的推力下消耗更少的电量，从而延长无人机的续航时间。二是通过材料的轻型化和机载设备的小型化，减轻无人机的重量，从而实现航拍无人机续航能力的提升。三是通过智能电池先进的电源管理系统，为无人机用电提供精确的智能化管理，通过节能来提升电池的用电效率。

2.2.4 全向避障技术：确保飞行安全

无人机避障技术是指无人机飞行过程中遇到障碍物时，通过实时测量的方式自动识别并且有效规避障碍物，从而降低炸机事故。无人机在复杂环境下飞行时，仅靠飞行技术是远远不够的，需要利用无人机视觉系统对周围环境中的障碍物进行自主识别，悬停等待下一步指令或者自主绕开障碍物。更智能的无人机还可以通过算法规划飞行路线，从而达到避障的效果，降低炸机事故的发生率，在很大程度上保障无人机的飞行安全。因此，全向避障技术成为无人机安全飞行的一项重要技术。其中，"测距"是无人机避障的基础，无人机通过视觉系统测量与障碍物之间的距离，再以此作为决策的基础来做出相应的飞行规避动作，以达到避障的目的。现阶段的无人机主要依靠以下几种方式进行避障。

（1）超声波避障

超声波应用于无人机避障的做法，通常是加装定向的超声波发射器和接收器，再将其接入飞控系统，根据超声波发射到接收的时间，判断障碍物的方位和距离。超声波避障系统具有不会受到光线、粉尘、烟雾干扰的优点，但是如果物体表面反射超声波能力不足，避障系统的有效距离就会降低，安全隐患会显著提高。

（2）红外线避障

大多数红外测距采用三角测距的原理。测距仪发出红外线后，碰到反射物被反射回来，再根据从发出到接收的时间与红外线的传播速度两个参数算出距离。红外线避障的优点是便宜、容易使用、安全，缺点是精度低、距离短、方向性差。

（3）激光避障

激光避障原理与红外线避障类似，通过光线折返的时间去计算跟物体之间的距离，得出3D景深图。激光避障的优点是探测距离远、扫描速度快、抗光干扰性强，但是存在准确度有限、体积过大等缺点。

（4）视觉避障

视觉避障类似于双眼目测距离的原理，用两个角度的摄像机来取得物体的不同视角，通过三角测量法计算与物体之间的距离（图2-10）。视觉避障的优点是省电，适用于光线充足的环境；缺点是算法复杂、延迟性高，且不适用于昏暗或光线变化多的环境，辨识度很大程度上取决于物体的反光特性。

(a) 左视图

(b) 右视图

(c) 视差图

图2-10　双目测距视觉避障

2.2.5　视觉跟踪技术：智能化的体现

为了实现视觉跟踪，人们进行了不同的技术探索。一是动态捕捉技术的应用，2016年昊翔（YUNEEC）无人机公司的"台风H"（Typhoon H）无人机使用"Vicon"动态捕捉系统成功完成了无人机视觉跟踪并自主避障的飞行试验，展示了无人机智能化发展的巨大潜能（图2-11）。二是机器视觉技术的应用，航拍无人机的视觉跟踪是指对无人机摄像头所拍摄画面中的运动目标进行识别，提取其位置、速度、加速度和运动轨迹等信息，从而实现连续性的跟踪拍摄。视觉跟踪的原理和

图2-11　昊翔无人机的
"台风H"无人机

视觉避障类似，同样运用无人机上的双目摄像头来识别物体以及计算距离。2016年3月，大疆推出精灵4（Phantom 4）航拍无人机，利用前视双摄像头的障碍物感知功能，同时基于图像识别技术，不仅能够实时自主避障，而且能完成视觉跟随拍摄功能。三是AI技术的未来应用，随着AI技术的迅速发展，航拍无人机能够基于大数据模型进行学习，不仅能让无人机拥有基本的环境感知、智能跟随、自主避障等功能，也能让无人机进行智能决策，并在此基础上完成更加智能化的AI线路规划、AI拍摄等，将真正开启无人机航拍的智能时代。

2.3 / 无人机的选择

对于热爱航拍的专业人士和业余爱好者而言，根据拍摄需求和个人情况选择合适的无人机非常重要。至于是购买市场上的成品无人机，还是动手组装无人机，要综合考虑航拍需要、预算成本、知识储备以及个人动手能力等因素。

2.3.1 / 购买成品多旋翼无人机

一般而言，大部分用户都会选择市场上销售的成品无人机。这些无人机飞行性能优越、质量可靠、简单易用，一般是连同遥控器、机载设备等进行套装销售，只需要按说明书进行起飞前的简单设置，无人机就可以到手即飞。但是，不同厂商的产品性能各不相同，同一厂商的产品也分为多个不同的产品系列。以航拍无人机为例，航拍无人机品牌众多，型号多样，价格从几百元到几万元不等，有低端的玩具无人机，也有大厂生产的消费级或专业级无人机。那么我们到底如何选择和购买航拍无人机呢？

首先，需要确定航拍需求和预算。购买无人机的用途是娱乐消费还是专业创作？想要拍出什么清晰度的照片或视频？对无人机的尺寸、飞行性能是否有特殊要求？预算经费是多少？思考清楚这些问题，才能去寻找适合自己需要的无人机。

其次，选择航拍无人机的性能。其实无人机最核心的性能无非是无人机的飞行性能和航拍画质。飞行性能方面：一看飞控，主要是看飞控系统的性能，飞控系统直接决定了无人机的飞行性能和可操控性，一般来说，经过多次技术迭代的飞控系统往往性能更优越。二看续航，主要是动力电池的续航能力，重点看一次升空飞行时间的长度。三看避障，避障功能是飞行安全的重要保障，可以降低炸机风险，重点是看有哪些方向上的避障功能，最好有全向避障功能。航拍画质方面：一看相机，相机的成像质量决定了最终的画质，重点关注感光器件的尺寸，尺寸越大画质越好，大画幅的画质好于中画幅，中画幅好于全画幅，全画幅好于APS-C画幅，依次类推；镜头质量，不同品牌、不同类型和不同焦段的镜头成像质量会存在较大差异；画质参数，可参考像素数量，由于不同机型的像素大小不同，所以多作为参考因素。此外，还要关注一些与画质有关的压缩编码算法、影像文件的记录格式，如Log模式等。二看图传，图传技术直接影响画面监看和拍摄操控，高画质、远距离、无延迟的实时传输是图传系统的关键性能。三看防抖，是否能拍摄到"稳、平、准、匀"的画面是判断镜头是否有用的基本要求，所以无人机飞行和云台增稳功能是不可忽视的重点。

最后，考虑无人机品牌及其售后服务。市场销量比较好的品牌在市场上已经形成了较大规模的用户基础。这类无人机厂商通常会比较重视售后服务，提供比较优质的售后服务。需了解清楚商家是否赠送培训服务、设备的保修时间、售后问题处理流程等一系列售后服务问题。

2.3.2 组装多旋翼无人机

由于目前市场上的成品无人机通常都是套装，改装余地小，不像早期还可以根据拍摄需求选择挂载不同的摄录设备，所以为了满足特定拍摄需求，还需要自己组装无人机，或请专业的无人机厂商专门定制。现在的无人机多为模块化设计，所以对于拥有无人机相关专业知识和个人动手能力强的买家来说，也可以自行设计或购买成套的模块组件进行组装，并通过开源的飞控系统进行调试来完成一款DIY无人机。总之，自己组装无人机是现实可行的。不过，对于非专业人员来说，在安装无人机前一定要仔细阅读各部件的使用说明书，安装时要注意各部件的安装位置和方向，避免组装完成后发生故障导致无法起飞甚至炸机。

由于无人机的模块化设计特点，所以组装过程并不算太难，按照要求就能完成各部件的组装。多旋翼无人机的组装流程一般为：机架、动力系统、飞控系统、遥控装置。

了解机架：阅读多旋翼无人机组装的使用说明书，熟悉无人机的组成结构，并了解各部件在机架上的安装位置。

安装电动机：将电动机安装到机架相应的位置上，在安装时要注意固定好电动机，并检查电动机固定是否牢固。

安装电调：通常情况下电调安装在机架的机臂上，并固定好，安装时要注意将电调与无刷电动机的线路连接正确。一般来说，多旋翼无人机的每个机臂安装一个电调。

安装飞控板：飞控板安装在机架的中心位置，安装飞控板时要注意飞控的方向。飞控上的指示箭头指向飞控板的正前方，安装时必须与无人机飞行的正前方相同，否则无人机飞行时无法控制其飞行方向从而导致炸机等严重后果。飞控板安装固定好之后，再把电调的信号线连接在飞控板的相应位置上。

安装电池：电池安装在机架中间的电池夹上，注意要将电池与其他组件的线路连接正确。

安装遥控接收器：将遥控接收器安装在机架上并固定，并将接收器与飞控系统连接。

遥控器对码：根据说明书进行对码，确保遥控器与无人机之间的信号传输稳定。

安装桨叶：遥控器与无人机连接成功后先尝试启动无人机，并观察电动机运转是否正常。若运转正常，再安装螺旋桨桨叶。要注意检查桨叶是否固定在电动机转轴上，以及正反桨的安装是否正确。

此外，还有一些功能性的组件如GPS定位系统、视觉系统、云台及摄录系统等，根据需要进行相应的加装。所有安装步骤完成之后，再去安全的地方进行试飞和调试，直至试飞成功，达到所需要的目标要求。

第 3 章

无人机航拍艺术基础：摄影眼的训练

　　毕加索笔下的公牛是如何简化为抽象线条的？梵高自画像的脸上为什么是花花绿绿的？毕加索的《公牛图》从第1幅到第11幅，毕加索画了6周多，时间跨度是从1945年12月5日到1946年1月17日，公牛的形象逐渐从具象抽象成线条，最后只保留了基本线条与形状，勾勒出公牛的极简形象（图3-1）。梵高的《自画像》采用点彩法技巧，这种"新印象主义"的画法用纯色色点的组合来造型，类似于像素的色彩混色，而且肉眼不易觉察到的反射在脸上的环境光也被艺术家敏锐地捕捉到，而呈现出花花绿绿、深浅不一的色彩（图3-2）。

图3-1　毕加索《公牛图》

图3-2　梵高《自画像》

画家对线条和色彩的感知能力更加敏锐。对于无人机航拍摄影摄像师而言，如何提升对美的感知能力也同样重要。在日常生活里，若想表现画面的线条与形状，发现千变万化的光影和色彩，从混沌中找到秩序，需要了解并夯实无人机航拍的艺术基础，并进行"摄影眼"的专门训练，才能发现肉眼不易觉察到的形与色、光与影，用镜头捕捉生活中的每一个瞬间，更好地驾驭视觉元素，拍摄出想要的视觉效果。

 思政小课堂

著名物理学家李政道说："科学与艺术是不可分割的，就像一枚硬币的两面。"通过科学与艺术之间的密切关系，认识科学和艺术共同的基础是人类的创造力，激发追求真理与面向创新的强大精神动力。

3.1 / 无人机航拍的形与色

现代艺术奠基人瓦西里·康定斯基在其著作《点线面》中写道："依赖对艺术单个元素的精确考察，这种元素分析是通向作品内在律动的桥梁。"❶ 点、线、面、体是对客观存在的物体形态内在本质的概括提炼，存在于几乎所有的艺术形式中，当然也包括航拍摄影与摄像艺术，乃至我们生活的世界都可以用点、线、面、体、色来归纳和造型。

3.1.1 / 形形色色的万千世界

如果说画家是用画笔来描绘和表达世界，那么摄影师则是用镜头来记录和表达世界。航拍摄影摄像师眼中的世界是什么样的？经过摄影眼的专业训练之后摄影师跟普通人所看到的世界有何不同？

图3-3的航拍照片拍摄的是绿化工人在铺草坪的画面，可以看到点、线、面的排列组合构成了具有形式美感的画面，色彩的变化与对比让照片充满生活气息。

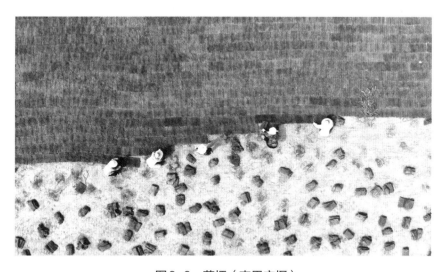

图3-3　草坪（李思宁摄）

从图3-4航拍照片的构成元素来看，照片下方的一捆捆草皮构成了一个个方形的点，几位绿化工人在画面中也呈现为不规则的点；串点成线，工人正在铺设的一块块绿色草皮形成了一条条不断延展的动态的线；线动成面，一排一排的草皮组成了更大面积的草坪。

---

❶ 康定斯基：《康定斯基论点线面》，罗世平等译，中国人民大学出版社，2003，第5页。

图3-4　草坪的线稿图

绿色草坪的肌理与灰色地面形成对比，草坪上深浅不一的绿色，绿化工人们一字排开，成为画面中最鲜活的元素，增加了画面的灵动感与视觉感染力（图3-5）。

图3-5　草坪的色块

3.1.2 ／ 点

"点"是画面的视觉中心，也是画面的重要构图要素。要善于通过无人机取景框，从具象的场景画面中去发现可以抽象为"点"的被摄对象，合理地运用光线、色彩、对比方法等将画面中的"点"凸显出来。

（1）单点

"点"的大小是根据它与画面上其他元素的相对大小关系来决定的。航拍影像具有高空鸟瞰俯视、飞行距离远、画面空间大等特点，画面中的每一个物体、人物、建筑物、动植物等都可能成为航拍中的某个"点"，呈现出独特的视觉效果。单点具有集中凝聚视线的作用，会吸引并停留视线，进而成为画面的视觉中心。从图3-6中可以看到夕阳这个"点"就是这幅画面的视觉中心。

图3-6　日落（章子煜摄）

"点"作为视觉表现的基础，在画面中并不都是圆形的，可以是任何物体在视觉上表现出来的最小状态，因此所有具有"点"属性的规则或不规则的物体都可以视作"点"。从形态来看，圆点的感觉最强；从形式来看，内部充实、轮廓明确的点更有力。点在不同的位置能够给人带来不一样的心理感受和视觉体验，从而体现航拍摄影不同的情感表达。主体如果在画面中心，会有一种集中感，给人稳定和平静的感觉，但也可能会使画面显得单调。

（2）点的张力

两点之间能够形成张力，并依据由大到小、由近到远、由实到虚的顺序在两点间引导视线移动，形成视觉流动。两点之间形成的这种视觉流动直接影响画面的空间结构和视觉张力（图3-7）。

图3-7　两点的张力（吴志斌摄）

（3）点的线化

点动成线，由于点与点之间存在张力，连续的点会产生节奏、韵律感，形成线的视觉感受。点的密集靠近就形成了线的感觉。点的间隔越小，线化就越明显。

3.1.3 / 线

"线"是摄影构图的基本视觉要素，可以为画面带来一种流动的视觉感受。现实生活中，川流不息的溪流河网、一望无际的层层梯田、挺拔险峻的层峦叠嶂等，这些在摄影师的眼中都可以简化为优美的线条。在航拍中要善于去发现那些富有变化的线条，丰富画面的形式表达。

（1）线的形状与方向

点动成线，线是点连续移动而形成的轨迹，是线性事物表现运动状态的轨迹。独立成形的线，通常称为积极线。一个面的边缘线，以及面与面之间的转折与交界线，也可以看成线，通常称为消极线。按照线的形状，线可以分为直线与曲线。按照线的方向，线可以分为垂直线、水平线、斜线。线的形状与方向能激发起人们不同的心理感受。

水平线：给人平静、安定、舒展、左右运动的感觉。航拍画面中的地平线、田野、海平面（图3-8）都呈现为水平线。

图3-8　海平面（吴志斌摄）

垂直线：给人严肃、明确、坚强、挺拔的视觉感受，以及上升、下降的运动感（图3-9）。

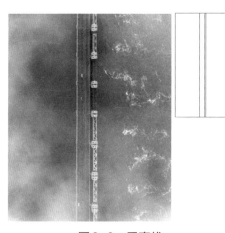

图3-9　垂直线

曲线：包括几何曲线和自由曲线，给人柔软、运动的感受。其中，整齐的曲线给人流畅的秩序感，不整齐的排列会给人混乱、无序、自由的感觉（图3-10）。

图3-10　曲线（吴志斌摄）

斜线：是一种更有张力的线条，富有变化，具有视觉动势和运动趋向，给人带来倾斜、不安定的视觉感受，也使画面更充满强烈的运动感和速度感。斜线的角度越大，运动的感觉也就越强烈。拍摄赛车或者其他速度型比赛时通常采用斜线构图。当画面中有一条以上的斜线存在时，能体现画面的相互内在运动（图3-11）。

图3-11　斜线（吴志斌摄）

（2）线的引导

线条具有方向性，可以起到视觉引导的作用，对视觉元素进行连接。利用画面的线条，可以将视线汇聚到画面的焦点。引导线不一定是具体的线，只要是有方向的、连续的都可以成为引导线。在现实生活中，道路、河流、颜色、光影等都可以成为引导线，突出画面的主体（图3-12）。

图3-12 线的引导（吴志斌摄）

当画面中有线条时，人的视觉会不自觉地顺着线条进行延伸，追踪到线条的尽头。因此，将主体放在线条的尽头，以线条来作为视线的引导是一种突出主体的重要方式（图3-13）。

图3-13 路（吴志斌摄）

（3）分割画面

线可以进行画面分割，摄影师常用线条来分割画面和构图。地平线、海平面、建筑边缘、道路、光影交界线、护栏、林地、田野、河流、栅栏等都可以成为分割画面的线条。用线分割画面，不仅可以使画面的视觉元素得到合理切割，而且可以更好地体现摄影师的表达意图。

用线分割画面的形式大致可以分为直线分割（图3-14）和曲线分割，等量分割和不等量分割等。等量分割的画面通常严谨稳定；不等量分割的画面灵活性强，画面看起来自由动感。

图3-14　直线分割画面（吴志斌摄）

3.1.4 ╱ 面

点、线、面之间可以相互转化，任何点、线扩张都可以变成面，所有点、线的扩散性面积和多元排列也会以面的形态出现。在航拍中，具象或抽象的点、线、面元素都可以形成面的结构，突出被摄主体的形态特征，能够增强画面的立体感和层次感。

（1）点、线、面的过渡关系

点、线、面是相对的概念。点的有规律的运动可以形成线的特性，同样线的有规律的运动又可以形成面的特性。线来自点，线的粗细也是由点的大小来决定的。线在平面中加粗到一定程度，也可以看成一个面（图3-15）。

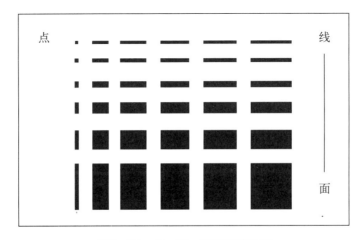

图3-15　点、线、面的过渡关系

（2）点的面化

点与面是相对的概念。若点足够大，充满整个画面，本身就形成一个面（图3-16）。

图3-16　点扩大成面

除了独立点的面化，在点的线化基础上，密集排列的点向四周连续排列，还可以形成虚平面，在扩大画面张力的同时强化了画面构成的形式美感。从图3-17中可以看到三个点，观众会把图中的三个点相连接，就产生了三条线，构成一个三角形。这些点可以连接成各种弧线或直线，构成不同的形状。

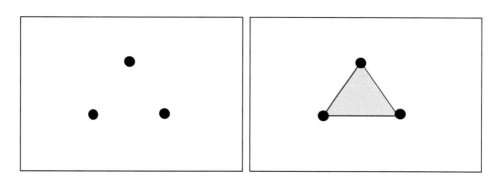

图3-17　三点连线成三角形

（3）线的面化

线的闭合能够形成线框，围合成面，若将画面的内容围合在线框之内，可以形成一个视觉焦点，达到强调画面内容的目的（图3-18）。

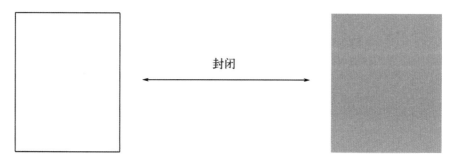

图3-18　线围合成面

在现实生活中，操场、篮球场、足球场上有很多封闭和未完全封闭的线，人们的视觉都会把它们看作不同的面，如图3-19所示。线通过聚集表现出面化的效果，如图3-20所示。

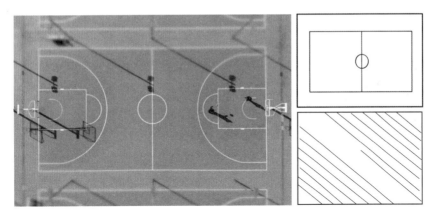

图3-19 篮球场（李思宁摄）

图3-20 线的面化（吴志斌摄）

航拍在取景构图中利用线的面化可以更好地表现事物的形态，给人独特的形式美感，如图3-21、图3-22所示。

图3-21 梯田（李思宁摄）

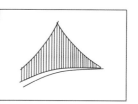

图3-22　金门大桥（吴志斌摄）

3.1.5 ／ 色彩

自然界中的色彩是丰富多样的，也是千变万化的。处理好航拍影像作品的色彩关系、色彩明暗关系等，是体现航拍影像作品的表现力与艺术感染力的关键所在。

（1）三基色与三原色

色光三基色：一般指红、绿、蓝，简称RGB。色光三基色是一种加色法模式，将RGB三基色以等比例相加为白色，以不同的比例相加则可以产生多种多样的色光（图3-23）。电视机屏幕、电脑显示器、手机屏幕以及各种电子大屏等都运用了色光三基色原理。

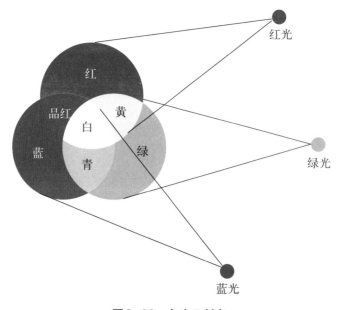

图3-23　色光三基色

颜料三原色：一般指红、黄、蓝，绘画中通常称为三原色，准确来说三原色是青、品红、黄，简称CMY。颜料三原色是一种减色法模式，将青、品红、黄三种原色同时相加为黑色，黑、白、灰色属于无色系（图3-24）。彩色印刷的油墨调配、彩色照片的打印应用，都是以青、品红、黄为三原色。

（2）色彩的三要素

色相、明度、纯度是色彩的基本要素。这三种要素的色彩属性是理解色彩关系的关键。

色相：是色彩所呈现的相貌，通常以色彩的名称来体现。三原色红、黄、蓝两两混合出橙、紫、绿三间色，就出现了一个6等份的色相环（图3-25）。如果色彩继续混合，还可以形成12色相环、24色相环。

明度：指色彩的明暗程度。亮色明度高，暗色明度低。在黑白影像中，白色明度最高，黑色明度最低。在彩色影像中，黄色是非常亮的纯色，而蓝、紫色则是非常暗的纯色（图3-26）。

纯度：是指色彩的纯净程度，又称彩度、饱和度，是色彩鲜艳度的判断标准。纯度最高的色彩就是原色，随着纯度的降低，色彩就会变淡（图3-27）。纯度降到最低就是失去色相，变为白色。

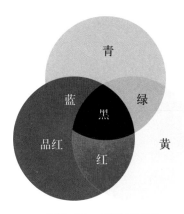

图3-24　颜料三原色

图3-25　色相环

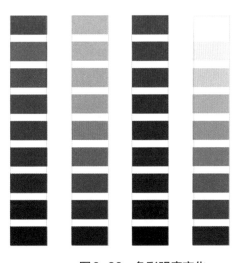

图3-26　色彩明度变化

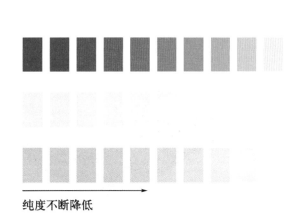

纯度不断降低

图3-27　色彩纯度变化

三大色彩系统

色彩系统是将色彩按照色彩三要素，有秩序地进行整理、分类而组成系统的色彩系统。其借助于三维空间形式，可以同时体现色彩的色相、明度、纯度之间的关系，被称为"色立体"。色立体有助于理解色彩的位置关系。典型的三大色彩系统分别是孟塞尔色彩系统、奥斯特瓦尔德色彩系统和PCCS色彩系统。

孟塞尔色彩系统（Munsell Color System）：是1905年由美国艺术家阿尔伯特·孟塞尔（Albert H.Munsell）创建，后经美国标准机构和光学学会两次修正的描述色彩的方法体系，使用数字来精确描述各种颜色。利用一个类似三维球体的空间模型，把色彩的色相（hue）、纯度（value）和明度（chroma）全部表现出来。色相环选择红、黄、绿、蓝、紫五种主色，以及红黄、黄绿、绿蓝、蓝紫、紫红五种中间色为标准，按环状排列，每一主色和中间色均划分为十等份，共划分成100个均分点，色相总数为100。明度位于中性轴上，从黑到白（明度值由0～10）按序排列。孟塞尔色彩系统是基于实验科学基础建立的一个相对完备成熟的色彩系统，广泛应用于工业和商业领域（图3-28）。

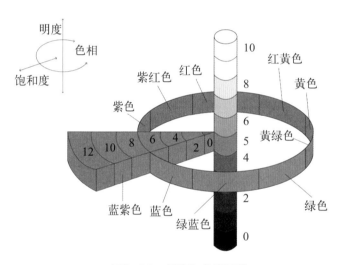

图3-28　孟塞尔色彩系统

奥斯特瓦尔德色彩系统（Ostwald Color Order System）：是1920年由德国化学家威廉·奥斯特瓦尔德（Wilhelm Ostwald）发明的色彩空间（图3-29）。所有颜色都可以通过黑（black，B）、白（white，W）和纯色（full color，F）三种成分按照一定的比例混合而成，即"W+B+F=100%"。这种对颜色进行系统化、标准化的科学定量方法，

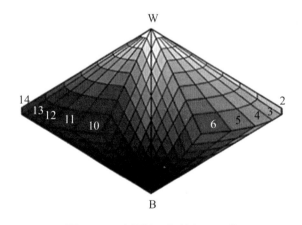

图3-29　奥斯特瓦尔德色彩系统

使得整个色彩系统秩序严密，不再使用模糊的主观词语来表达。该色彩系统在量化颜色的基础上，还提出了量化的色彩调和理论，虽然有颜色不均匀的先天不足，但对后世的色彩系统如日本色彩设计研究所的PCCS色彩系统有着深远的影响。

　　PCCS（Practical Color-coordinate System）色彩系统：是日本色彩设计研究所（NCD）于1964年发布的以色彩调和为目的的色彩系统。PCCS色彩系统最大的特点是将色彩的三要素关系综合成色相与色调两种观念来构成色调系列，因此在配色方面具有很强的实践指导作用。

（3）色彩关系

　　色相环上的任意色相都可以作为主色，根据色相与色相之间的距离，可以分为同色系、邻近色、对比色与互补色。色相环的圆形排列可以帮助我们理解色彩关系。

　　同色系：主要指单一色相或同一色相的明度或纯度发生变化的颜色。同色系的色差小，画面和谐统一。若要表现画面空间的层次感，可以通过颜色深浅的变化加强色彩明暗关系的对比。在航拍摄影中，大面积的海面、湖水、森林、草地、沙漠等通常会出现较大色块的同色系（图3-30）。在航拍纪录片《家园》中，航拍画面中展现了科罗拉多大峡谷的红色峭壁，纯度不同的红色构成同类色关系，深浅不一，明暗过渡，在画面中呈现了大峡谷的立体感。

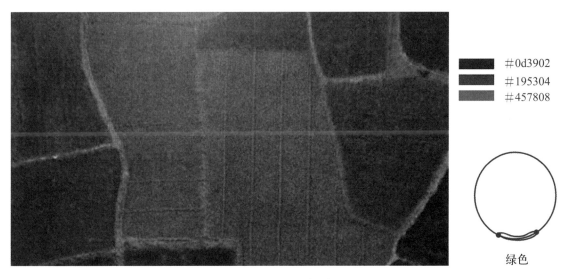

#0d3902
#195304
#457808

绿色

图3-30　同色系

　　邻近色：相邻的色相称为邻近色，如色相环上红色的邻近色是橙色与紫色，黄色的邻近色是橙色与绿色。利用邻近色进行影像或者画面的创作，能够保持画面色彩的统一与协调，呈现出质地比较柔和的画面效果。从图3-31中可以看到，一条土黄色的田间小路把画面分割成两部分，一块块不规则的黄绿色油菜地排列在一起，展现了恬静柔和的田园风光。

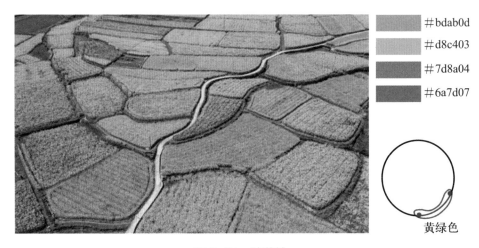

#bdab0d

#d8c403

#7d8a04

#6a7d07

黄绿色

图3-31　油菜地

对比色：是色相环中相对的颜色，色相与色相的夹角较大，色彩对比关系比较强烈，如红与绿、紫与黄、橙与蓝等。画面颜色相对跳跃，但反差效果不及互补色强烈。在航拍影像中，若通过对比色来加强画面的视觉效果，需要把握主色所占的面积大小，由此达到色彩平衡、画面统一的效果。从图3-32中可以看到，天空的蓝色和土地的黄色形成比较强烈的色彩对比，如果提高黄色土地的明度和饱和度，与天空的蓝色对比将会更强烈。

#275bb1

#5696e1

#d78946

#955b34

橙红色

青绿色

图3-32　对比色（吴志斌摄）

在航拍纪录片《家园》中，火山喷发形成的温泉周围是橙红色的火焰，而温泉颜色是青绿色，色彩明亮，整体画面呈现独特的视觉效果。

互补色：互补色是对比最强烈的色彩组合。在图3-33中一条长长的红色终点线作为画面的分割线，将画面一分为二，而且红色的终点线与大面积的绿色操场形成了强烈的色彩对比。《航拍中国》第三季云南篇壮丽的梯田画面中，红色梯田与绿色梯田形成了强烈的反差，色彩对比强烈，画面的视觉冲击力强。

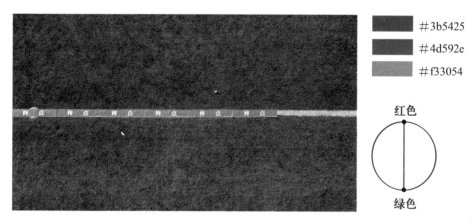

图3-33　终点线（吴志斌摄）

黄与紫、蓝与橙也都是对比十分强烈的互补色。在航拍时，要训练对色彩敏锐的"摄影眼"，加强点、线、面的运用，通过画面互补色的比例大小，完成色彩对立统一的视觉效果。

（4）色彩的明暗

在黑白画面中，白色明度最高，黑色明度最低，黑白之间是不同灰度的灰色。彩色画面也具有明暗关系，通过对色彩明度和纯度的调节，色彩的明暗也会随之发生变化。在人的眼睛构造中，视锥细胞主要负责感知色相、饱和度，视杆细胞主要负责感知明度。红色虽然易视性高，但是红色看上去会比黄色、绿色、橙色都要暗，这主要是因为红色相对于黄色、绿色、橙色、青色的明度比较低。

图3-34中的红、橙、黄、绿、青、蓝、紫7种颜色，均是高饱和度（100%）和高明度（100%）的颜色，按照颜色与灰度色阶一一对应，明度排序依次是黄、青、绿、橙、红、紫、蓝。其中，黄色的明度最高，蓝色的明度最低。

加大画面的明暗反差可以使画面更有力度感，更具视觉张力；而降低画面的明暗反差，画面则给人平稳、稳健、高雅的效果。从图3-35中可以看到，第一张图的明度反差较小，金门大桥与蓝天的对比弱化；而第二张图调暗

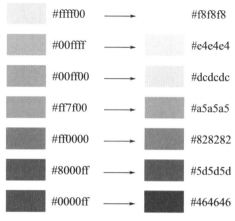

图3-34　色彩对应的灰度色阶

了背景，增加了帆船的明度。这种画面明暗关系的强化处理使得天空更加湛蓝，视觉焦点金门大桥和帆船也更加突出。

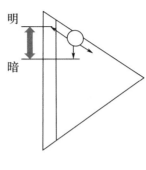

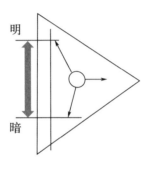

图3-35　金门大桥的明暗对比（吴志斌摄）

3.2 / 无人机航拍的光与影

没有光线，就没有光影。影像艺术是光影的艺术，也是用光来进行画面创作的艺术。

3.2.1 / 千变万化的光影

印象派艺术家把画架搬到户外，注重临场表现随户外自然光线变化而变化的光影世界，又称"外光画派"。在这个千变万化的光影世界里，航拍摄影摄像师要学会用光，通过画面的明暗关系来对被摄主体进行画面造型，以及通过色彩关系来取景构图。这不仅意味着要走出去感受光，去观察和发现各种光影的变化，更重要的是要去理解和掌握光的性质及其运用。

（1）光色

光色即"色温"，是用于定义光源颜色的一个物理量，单位是开尔文（K）。自然光的色温会随着时间或天气等不断变化。印象派艺术家告诉我们，每一天的太阳都是新的，每一个瞬间的光线都有所不同。法国印象派画家莫奈经常同时开工画好几幅画，追赶和捕捉光线的变化。除了自然光以外，不同类型的光源，色温也是不同的，如图3-36所示。

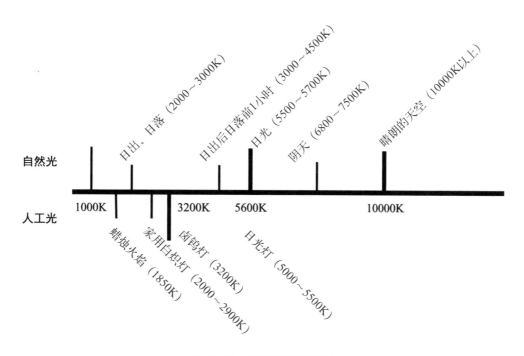

图3-36　不同光源的色温

冷暖色调：不同色温的光线给人们带来的视觉感受是不一样的。色温越低，画面越暖，偏红、黄色；色温越高，画面越冷，偏蓝、紫色。光色决定光的冷暖感，也决定照片整体色调倾向，有助于表现主题，如暖色营造温暖和谐的氛围，而冷色更多地给人带来孤寂之感。

白平衡：色温形成的冷暖色调是相对的，这取决于白光的界定，也就是白平衡的调整。如图3-37所示，如果将

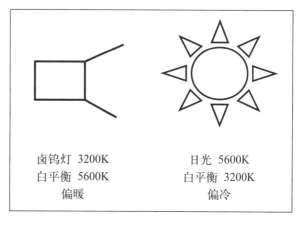

卤钨灯 3200K
白平衡 5600K
偏暖

日光 5600K
白平衡 3200K
偏冷

图3-37　色温与白平衡

5600K 设定为白光，那么 3200K 的卤钨灯灯光就会偏暖；如果将 3200K 设定为白光，那么 5600K 的日光就会偏冷。

（2）光度

光度，即光线的强度，是指光源发光强度、光线在物体表面的照度以及物体表面呈现的亮度的总称。在创作实践中要想准确曝光，需要着重考虑三个因素：光源的发光强度、光源与被照射物体的距离、被照射物体的表面亮度（图3-38）。

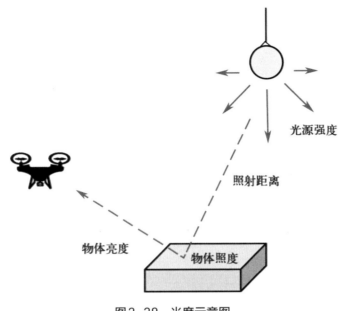

图3-38 光度示意图

光源的发光强度主要跟功率大小有关。照度则是受光源与被照射物体之间的距离影响，照度随着距离不断衰减，距离越远，照度越低。亮度是与被照射物体的反射率相关，反射率越高，亮度越高。在同一光照下，不同颜色如白色物体和黑色物体由于吸收和反射光的能力不同，其表面亮度也不同。光度与曝光紧密相关，如果光线太强，会导致画面曝光过度；如果光线太弱，则会曝光不足。即使是有意识的曝光过度或曝光不足，也需要以准确曝光为基础。所以，理解光度与曝光之间的关系，才能控制好被摄物体的影调、色彩以及反差效果等。

（3）光质

光质指光线硬、软、聚、散的性质。我们通常所说的硬光和软光，以及直射光和散射光就是根据光质来划分的。通常来说，光束较窄的光要比光束分散的光更硬。

硬光，又称直射光，是指光源的方向性强，并且不加任何柔化作用直接照射在被摄物体上的光（图3-39）。硬光能使被摄物体产生明暗对比，善于表现物体的质感，但不善于表现物体的形状与色彩，如晴天的光线、无灯箱的裸灯等。硬光多用作主光、轮廓光、背景光等，通常不作辅光。

软光，又称柔光，是指柔化处理或反射处理的光线，比如室内加上反光伞或柔光箱的灯光，或者室外反光板反射的阳光等（图3-40）。软光不善于表现物体的质感和细节，但善于表现物体的形状和色彩。

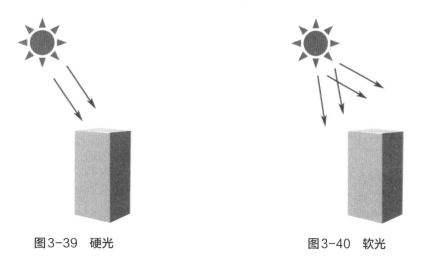

图3-39　硬光　　　　　　　　　　　　　　图3-40　软光

聚光的光线来自一个明确的方向，是光线集中并产生清晰而浓重的阴影的光线。聚光是硬光的一种，具备硬光的特点，并且光束越窄，聚光效果越强。聚光常用于局部，比如轮廓光、追光灯等。

散光是一种非常柔和的光线，是软光的一种特殊形式，能够表现物体的细部与质感。光线来自若干方向，不会产生阴影，比如阴天的光线、阴影下的光线。散光常用于人像摄影、广告摄影、婚纱摄影等。

（4）光位

光位，是指光源相对于被摄物体的位置，也就是光线的方向与角度，通常将光位分为顺光、顺侧光、侧光、侧逆光、逆光、顶光、底光等（图3-41）。不同的光位会有不同的特性，在实际拍摄中，采用不同光位拍摄的明暗造型效果也是不同的。

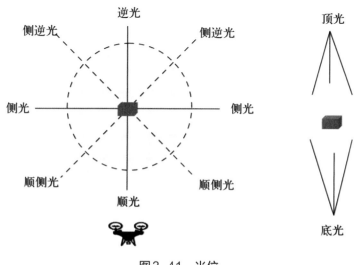

图3-41　光位

顺光拍摄时，被摄主体的受光面积均匀，有利于质感的表现，且能够还原色彩，饱和度比较高。但是顺光拍摄缺乏明暗对比，画面的立体感和空间深度感较差。如果需要拍摄均匀用光的大场景，采用顺光拍摄也是合适的。法国纪录片《家园》中，导演扬·阿尔蒂斯-贝特朗先从正面航拍冰山的形状和银装素裹的冰山颜色，突出冰山的质感，再选择不同的角度对冰山进行环绕拍摄。

侧光是摄影最常用的光线，被摄主体的轮廓清晰，有利于表现出画面的立体感和空间深度感，以及影调和反差，但是不利于表现被摄主体的质感和细节。如果追求质感和景物细部影纹的表现，则不宜采用侧光。在《航拍中国》第四季西藏篇中，阳光的光亮照在左侧的冰山面上，左侧冰山面清晰，而右侧冰山面不受光，明暗对比十分明显。

逆光是指从被摄主体的正后方照射来的光线，光源区域与背光区域形成较明显的明暗反差，被摄主体细节模糊，凸显轮廓，能强烈地表现出画面的立体感和空间深度感，但不利于表现被摄景物的层次感。航拍时，如果以景物暗部来曝光，要注意可能会造成曝光过度的情况；如果以景物背景亮部来曝光，则可以拍摄出剪影或半剪影的效果。法国纪录片《迁徙的鸟》中便使用了逆光航拍鸟群迁徙的景象，太阳从被摄鸟群背面升起，呈现鸟群的剪影效果。

顶光是指光线来自被摄主体的正上方，如同正午的阳光。通常会用顶光拍摄建筑物，但一般忌用顶光拍人像，除非要表达特殊主题。如果使用顶光拍摄人物，人物脸部会出现浓重的阴影。

底光，也称脚光，是指光线来自被摄主体的正下方，能产生向上投射的影子，常用于恐怖光。底光也可以用作补光，起到消除被摄人物下巴的阴影、眼袋的作用，还可以用作眼神光。

（5）光比

光比指被摄主体的受光面与背光面的明暗比值。不同的明暗比值会使画面产生不同的视觉效果。光比大的画面，明暗反差大，有利于表现"硬"的效果；光比小的画面，明暗反差小，给人柔和平淡的感觉。合理地控制光比，是达到理想拍摄效果的关键。

选择大光比还是小光比呈现画面，需要综合考虑拍摄时的光线条件、画面的成像效果和主题表达。在航拍中，采用高反差拍摄风景，画面效果质感坚硬，而低反差的画面效果则客观平淡。《航拍中国》第四季西藏篇中使用大光比拍摄珠穆朗玛峰，山体左侧为受光面，山面明亮，而右侧的背光面较暗，形成明暗对比，整体呈现明快、硬朗的画面感。

调节光比的手段主要有三种：一是调节主、辅光的强度；二是调节主、辅灯到被摄主体的距离；三是用泛光灯、反光板或闪光灯对暗部进行补光。在影棚拍摄中，这三种方式都可以用来进行光比的调节和控制。在外景航拍中，主要使用自然光，通常需要等待拍摄的时间和天气。在一些"日拍夜"的拍摄中，则需要人工布光来控制光比。

（6）光型

光型指各个光线在拍摄时的造型效果，主要有主光、辅光、轮廓光等。主光主要用来塑造被摄主体形象，表现质感；辅光则用来提高主光产生的暗部亮度，表现阴影部分的细节，减少反差；轮廓光通常是通过逆光或侧逆光来勾勒被摄主体的轮廓（图3-42）。

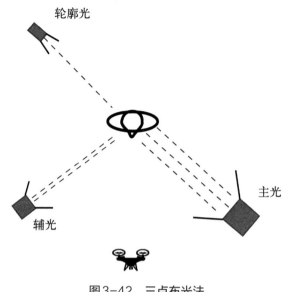

图3-42　三点布光法

3.2.2 / 用光来进行画面创作

光影在场景中是流动变化的。在不同季节、不同时段、不同天气等拍摄条件下，光线的强弱、明暗、影调各不相同，呈现出来的画面效果也不同。对于航拍摄影摄像师来说，无人机作为一种"会飞的相机"，也是一支用光来进行画面创作的笔。因此，需要掌握拍摄场景的光线的用法，比如用光制造焦点、强化影子的运用以及渲染环境氛围等，确立一种用光来进行画面创作的意识，以实现画面主题的表达。下面选取几种常见的用光方法来加以说明。

（1）制造焦点

一是用光点亮。这需要有意识地选择画面中光照亮的区域，如从门、窗或建筑缝隙等透过的光，很容易在画面中形成一个聚焦的亮部区域，将画面主体设置在亮部区域或明暗交界处，通过明暗对比的画面构成来进行画面分割处理，从而达到突出被摄主体的画面效果。"大疆天空之城七周年航拍大赛"年度视频大奖作品《城中夹缝》的影片开头的画面中，夜幕黑沉，主人公一身黑衣，伫立在门前迎着大门里照射出来的光，孤独地站在两栋建筑夹缝中。这种建筑夹缝中孤独的光影镜头，既突出了主体，也强化了在城中夹缝生存的场景，有力地表现了影片主题。

二是用好点光源。现实生活中有很多点光源，只照亮局部画面，与周围环境能够形成强烈的明暗反差，人们的视线会迅速地锁定在画面中相对亮的点光源上。在具体拍摄实践

图3-43　工地（李思宁摄）

中，要善于观察被摄主体与画面中点光源的相对位置，可以利用光影与主体之间的张力，来创造画面的戏剧性，也可以通过剪影效果来隐去画面细节的干扰，使得画面更加简洁明了。图3-43中施工现场大吊车的挂钩正好钩住了背景的太阳，成为画面的视觉中心。

（2）关注影子

我们取景构图时往往专注于被摄主体，这当然很重要，但也不要忽略了被摄主体或其他事物的影子。影子随处可见，地面投影、水中倒影等每一种影子都值得关注。正如李白诗云："举杯邀明月，对影成三人。"影子有时候也会"说话"。

投影：航拍摄影摄像师要善于去观察、发现拍摄环境中的影子，用镜头去捕捉这些有趣的投影。在自然光环境下，清晨和傍晚时分的投影最长，往往可以获得夸张、变形的投影效果。图3-44是工人在平整地基的一幕，工人头戴黄色安全帽、手推机器的影子被放大，成为整个画面的视觉中心。

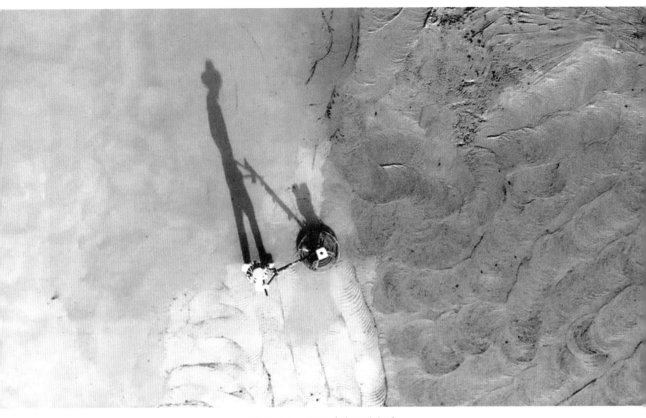

图3-44　施工（李思宁摄）

倒影：由于光线的反射作用，江河湖海的水面、雨后路面上的水洼处等经常会形成一些美丽有趣的倒影。图3-45中选择侧顺光拍摄倒影，画面构图对称均衡，呈现出落日时分平静、和谐的美感。

此外，在拍摄实践中也可以只选取影子来进行取景构图，这是一种只将影子作为主体来进行表达的拍摄方式。

图3-45　倒影（吴志斌摄）

图3-46 《一路向北》(张玥、刘雅慧摄)

图3-47 海边(吴志斌摄)

（3）渲染环境

光影塑造的环境本身就是一个相对完整的表意系统。一方面，通过光影的变化，可以描绘环境，呈现故事发生的场景。图3-46中山棱分明，山峰曲折绵延，几辆车一路向北，穿行在蜿蜒的山路上，营造了一种夜幕即将降临时驱车前行的压抑氛围。同时橘黄色的车灯照亮了前行的路，又给整个画面带来了温暖和希冀，恰到好处地表达了"一路向北"的主题。

另一方面，光影的变化也可以渲染环境，营造画面的意境。在清晨或傍晚，太阳靠近地平线，这个时间段光线柔和，色温相对较低，很容易拍出金黄色的温馨画面。图3-47中夕阳下海边的小女孩望向远方，剪影隐去了人物细节，却渲染了环境，产生了一种温馨的画面效果。

3.3 / 从混沌中寻找秩序

本·克莱门茨和大卫·罗森菲尔德在《摄影构图学》中提到："构图是一个思维过程，它从自然存在的混乱事物之中找出秩序，能够有组织地把大量杂乱的构图要素组织成一个整体，目的是将摄影师想表达的东西传递给人们。"❶对于航拍来说，从混沌中寻找秩序，是拍到美的画面所需要的一项艺术基础训练，要练就在航拍中发现对称与均衡、节奏与韵律、对比与统一等构图形式法则，找到蕴含其中的秩序感。

3.3.1 / 对称均衡

对称与均衡是平衡的两种形式。均衡是指以画面中心为支点，被摄对象分布在画面上下、左右，所表现出来的视觉重量的平衡是画面构图所遵循的重要形式法则。对称均衡（图3-48）和非对称均衡（图3-49），都给人们带来视觉上的平衡效果。如果画面布局不平衡，则会产生失重感、倾斜感。

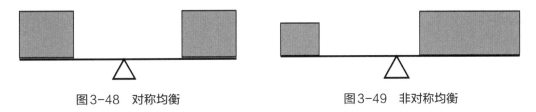

图3-48　对称均衡　　　　　　　　　　图3-49　非对称均衡

航拍摄影摄像师在构图时，要注意画面两边被摄对象的形状大小、色彩冷暖、影调明暗、位置高低、远近、疏密、虚实等，在画面布局上产生视觉上的均衡感（图3-50～图3-52）。

图3-50　上下对称均衡（吴志斌摄）

---

❶ 本·克莱门茨：《摄影构图学》，姜雯等译，长城出版社，1983，第16页。

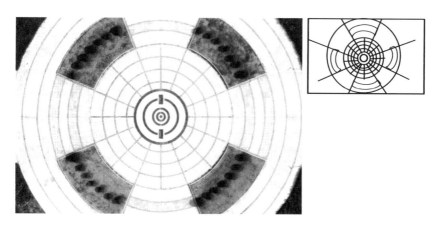

图3-51　中心对称均衡（吴志斌摄）

图3-52　非对称均衡（吴志斌摄）

3.3.2 ／ 节奏韵律

无人机航拍取景框的两条水平线和两条垂直线，能够帮助我们确定取景框中所创造的视觉重复。如果取景框被分割成几个矩形，人们的视觉会注意到取景框边线的存在，用虚线延伸取景框内矩形的各条边，画面的间隔、重复、节拍会产生有规律的视觉节奏。如果取景框中的矩形重复排列，且数量增多，那么画面的间隔、重复、节拍会更快，视觉上的节奏韵律感也会更明显（图3-53）。

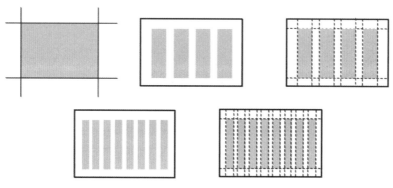

图3-53　取景框的节奏

在航拍中，如果采用俯冲的拍摄角度拍摄高层建筑物，那么楼层越高、无人机跟楼面距离越近、运动速度越快，画面的视觉节奏韵律感会越强，给人一种过山车般的视觉感受（图3-54）。

图3-54　俯冲拍摄高楼

任何构图要素都可以用来构成节奏，形状、线条、影调等的重复排列都能构成节奏。比如篱笆、成排的柱子、成排的树木、有拱顶的长廊、建筑物的窗户、屋顶的瓦片等，重复排列都可以形成节奏。如果排列上再有些变化，那么画面在富有节奏韵律感的同时会更具灵动的气息（图3-55）。

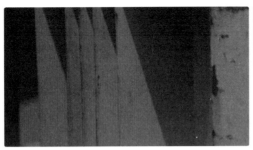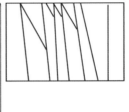

图3-55　节奏的形成（吴志斌摄）

同一个形态要素的重复排列，或者在基本的构架内重复排列，是一种重复构成，能够构建秩序感强的画面。从图3-56中可以看到，青色的瓦片作为一种自然形，每排重复摆放，便垒出了有秩序感的花样镂空效果。

两个或两个以上形态近似的基本形排列组合，形成既统一又变化的构成方式，是一种近似构成。从图3-57中可以看到，一捆捆形态近似、大小不一的竹简镶嵌在墙体上，呈现出和谐井然的节奏感和秩序感。

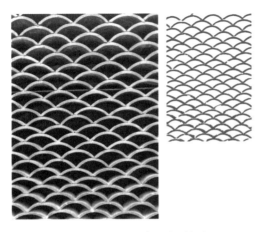

图3-56　瓦片（吴志斌摄）

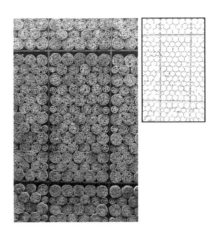

图3-57　竹简（吴志斌摄）

在航拍中，景别大小、色调冷暖、色彩明暗等有序变化，以及镜头运动快慢、镜头画面时长等要素有规律地运用，往往能够产生张弛有度的视觉节奏，形成一种韵律感，从而强化画面主题的表达。

3.3.3 对比统一

现实生活中有很多对比与统一的元素，在航拍时要善于用"摄影眼"去提炼这些元素，从大小、疏密、粗细、虚实、高低、方向、明暗的不同对比中找到统一的视觉元素，形成画面构图的视觉中心，更好地表达画面主题。在统一中找到变化对比，也容易形成视觉中心，引起人们的注意。

（1）大小对比

在一个形状相同或相似的构图中，被摄主体比其他物体大，或者比其他物体小，整齐的秩序感就被打破了，产生差异变化，将人们的注意力集中在发生变化的区域，从而产生具有强烈吸引力的视觉中心（图3-58）。

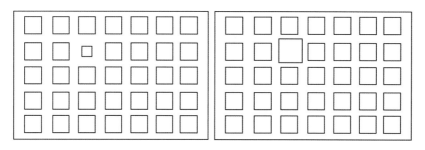

图3-58 大小对比

（2）形状对比

在大小不变的情况下，如果被摄主体的形状发生变化，也会产生形状对比。它可以是不同几何图形的变化，也可以是规则的几何图形与不规则的图形的对比。比如说，背景是规则的几何图形排列，而被摄主体是不规则的图形，也会产生形状对比，从而突出被摄主体在画面中的位置与作用（图3-59）。

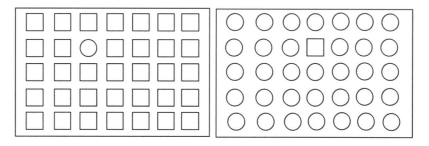

图3-59 形状对比

（3）明暗对比

画面主体的明暗对比可以产生强烈的吸引力。如果明暗对比的同时还伴有大小对比，那么对比将会更加强烈。周围环境明亮而被摄主体是暗色调，或者被摄主体明亮而周围环境是暗色调，都会产生非常强烈的对比效果（图3-60）。但需要注意的是，在实际拍摄过程中，明暗对比是为了突出被摄主体，因此画面的次要元素在大小和色调上都应处于从属地位，不可喧宾夺主。

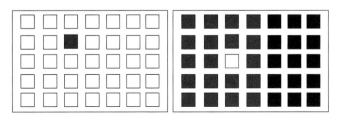

图3-60　明暗对比

（4）方向对比

画面主体方向的改变，能够产生明显的差异变化，即使在大小、形状、明暗都不改变的情况下，被摄主体方向改变了，也会成为画面的趣味中心（图3-61）。

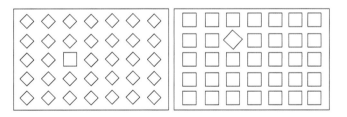

图3-61　方向对比

如果被摄主体在线性方向上发生对比，则对比效果更加强烈。如图3-62所示，在大量同方向的线条下，那根相反方向的斜线脱颖而出，成为视觉中心线，即使不断增加同方向的线条，相反方向的斜线依然能从背景中凸显出来。

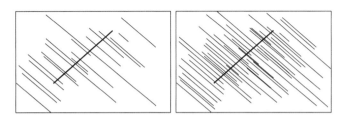

图3-62　线性方向对比

线条是规律性很强的元素之一。重复出现的线条按照一定规律循环排列，可以形成很强的节奏感和韵律感，而无序性排列则会给人混乱的视觉感觉。从图3-63中可以看到，一块块整齐的麦田排列有序，其中反方向的一条斜线成为画面的兴趣中心。

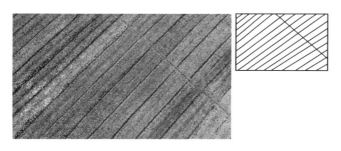

图3-63　麦田（吴志斌摄）

（5）色彩对比

在特异构成中，特异基本形会打破规律或者秩序，它可以是大小、形状、位置、方向的变化，也可以是颜色的突变（图3-64）。航拍摄影摄像师要善于去发现画面中的这些特异的形状、色彩等，增强画面的视觉冲击力。

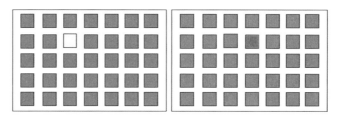

图3-64　色彩对比

（6）肌理对比

在航拍中，经常可以拍到各种不同肌理的地面，航拍摄影摄像师要善于去发现和运用肌理质感的差异来强化对比，从而使画面更富有形式美感和画面感染力。从图3-65中可以看到，冰雪逐渐融化的河流与两边的黄土地形成肌理的反差，两者和谐共存，一道展现大自然的壮美，让观者第一眼就感受到强烈的视觉冲击，从而增强审美效果。

图3-65　《一路向北》（张玥、刘雅慧摄）

第 4 章

无人机航拍基本飞行训练：基本功的强化

北宋文学家欧阳修曾经用《卖油翁》这样一个简短的故事来说明熟能生巧的道理，老翁一句"无他，唯手熟耳"道破了将一件事做到极致的方法——没有别的诀窍，只是手法熟练罢了。这和当下广为流传的"一万小时定律"异曲同工。无人机飞行训练不是一蹴而就的，只有长期练习不断精进，才能做到人机一体，也只有通过大量的基本飞行训练，才能练就肌肉记忆，养成空间感知力。高超的飞行技术、精准的操控能力和危机应急处理能力，都是建立在将基本功"内化于心、外化于行"的基础上的。故此，要想成长为一个好的飞手，唯有经过一次又一次的基本飞行训练，才能练就"手熟"的技术。

4.1 / 认识无人机

俗话说："工欲善其事，必先利其器。"在开始正式的无人机飞行训练之前，首先需要认识手中的无人机，了解基础的飞行知识和相关术语，为后续的飞行训练打下基础，做好准备。

4.1.1 / 无人机的部件

新手拿到航拍无人机时，切忌迫不及待地开始飞行，而应多花费一些时间来熟悉手中的无人机，认识无人机的构成部件，并了解这些部件所处的位置及其功能。前面的章节已经介绍过无人机的原理及其构成，这里再熟悉一下飞行操作需要掌握的一些部件及其功能按键，主要包括无人机本身各部件以及遥控设备等。下面将对无人机的主要部件和配件进行简要介绍。

（1）飞行器

飞行器是无人机的主体部分，承担着飞行和拍摄任务，主要部件有螺旋桨、电机、相机、云台（或一体式云台相机）、指示灯、电池、视觉系统等（图4-1）。

图4-1 飞行器示意图

① 螺旋桨：螺旋桨是为无人机直接提供升力的部件。通过操控无人机螺旋桨的转速和方向可以完成升降、进退、旋转等飞行动作。螺旋桨是易损品，应及时检查，如有损坏，要及时更换。

② 电池：电池是无人机的能量来源。目前多旋翼无人机使用的电池多为锂聚合物电池，其电池容量较小，因此续航时间也较短。

③ 相机和云台：相机和云台是航拍无人机重要的机载设备，相机用于拍摄影像，云台用于保持相机镜头的稳定和调整拍摄角度。相机和云台可以是分离的，也可以是图4-1

中的一体式云台相机。

④ 视觉系统：无人机的视觉避障系统相当于汽车的影像雷达，为飞行器提供视觉定位和多方向环境感知能力，保障飞行安全。

⑤ 起落架：起落架是无人机与地面接触的部件，作为无人机在地面的支撑，以及无人机降落时的缓冲。

（2）遥控设备

遥控设备是飞手操控无人机的装置，遥控器的操控性能和飞手的操控水平将在很大程度上影响无人机的飞行状态。无人机的遥控设备主要有带屏遥控器和普通遥控器。普通遥控器需外接显示器如手机或专业监视器，才能显示无人机的回传图像和参数信息。

操作杆也称摇杆，是无人机操控的主要装置，负责控制飞行高度和飞行方向。操作杆常见的设定有三种，分别为"美国手""日本手""中国手"。这三种操控方式只是反映不同飞手的操作习惯，区别仅在于操作通道位置排列不同而造成两个操作杆的打杆功能定义不同。

一般情况下，遥控器出厂时默认的操控方式是美国手，这跟早期的航模玩家主要集中在美国有关。而日本手则是因为早期的航模遥控装置多为日本产品，所以早期飞手多采用日本手。而中国手也称"反美国手"，所有设定都与美国手相反。到底是用美国手、日本手还是中国手，其实只关乎飞手的习惯，并不影响飞行操控，习惯就好。鉴于目前大部分飞手使用美国手，所以本书所涉及的操作皆以美国手为例。三者操控的差别，具体参考图4-2的图示。

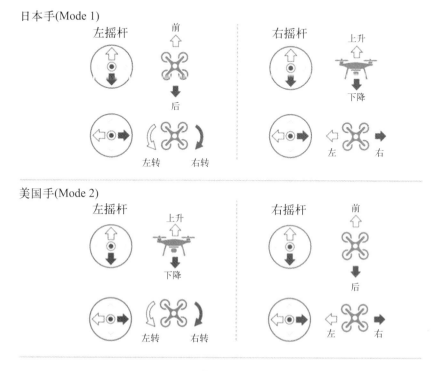

图4-2

中国手(Mode 3)

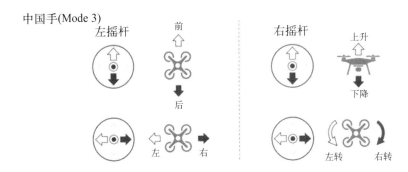

图4-2　无人机的三种操控方式

　　无人机遥控器还包括天线、遥控器电源开关、电量指示灯、一键返航键、拍摄按键、拍照/录像按键、云台俯仰控制拨轮、移动设备支架和遥控器转接器等部件和功能按键，了解它们有助于更好地操纵无人机（图4-3）。

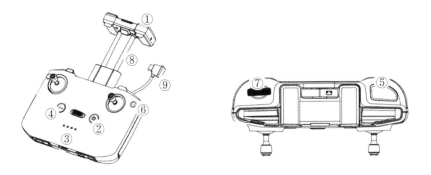

图4-3　遥控器示意图

① 天线：用于传输无人机控制和图像的无线信号。

② 遥控器电源开关：用于遥控器的开机和关闭。

③ 电量指示灯：用于指示当前电量。

④ 一键返航键：长按智能返航按钮，飞行器将返航至最新记录的返航点。

⑤ 拍摄按键：短按拍摄或录像。

⑥ 拍照/录像按键：切换拍照或录像模式。

⑦ 云台俯仰控制拨轮：转动拨轮可控制相机镜头的俯仰拍摄角度。

⑧ 移动设备支架：用于放置移动显示设备，如手机和平板。

⑨ 遥控器转接器：连接移动设备，实现图像与数据传输。

（3）显示屏

　　显示屏是航拍无人机的重要部件之一（图4-4）。显示屏不仅可以实时显示航拍的回传画面，还能够显示无人机的实时参数。要想安全地操控无人机，就需要掌握遥控器状态显示屏中的各功能信息，熟知它们代表的具体含义。

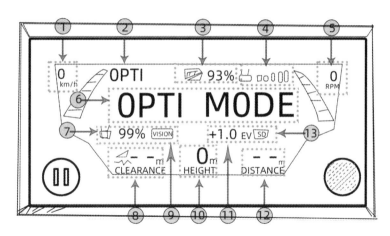

图4-4　显示屏示意图

① 飞行速度：显示飞行器当前的飞行速度。

② 飞行模式：显示飞行器当前的飞行模式。

③ 飞行器的电量：显示飞行器当前的剩余电量信息。

④ 遥控器信号质量：五格信号代表质量非常好；如果只有一格信号，表示信号极弱。

⑤ 电机转速：显示电机当前转速数据。

⑥ 系统状态：显示无人机系统当前的状态信息。

⑦ 遥控器电量：显示遥控器当前的剩余电量信息。

⑧ 下视视觉系统检测高度：显示飞行器下视视觉系统检测到的高度数据。

⑨ 视觉系统：显示视觉系统的名称。

⑩ 飞行高度：显示飞行器当前的飞行高度。

⑪ 相机曝光补偿：显示相机的曝光补偿参数值。

⑫ 飞行距离：显示当前飞行器与起始位置之间的距离值。

4.1.2　基础飞行知识及专业术语

在进行正式的飞行训练之前，需要了解一些基础的飞行知识，以便更好地开展训练，减少安全风险。当前有很多专业术语来描述无人机的航拍活动，为方便学习和交流，下面将对一些广泛使用的常见专业术语进行解释。

（1）常用专业术语

对头飞行：指机头对着人飞，此时无人机的飞行方向与打杆方向相反，操作难度较高。

对尾飞行：指机尾对着人飞，此时无人机的飞行方向就是摇杆操作指示的方向，建议新手先熟练对尾飞行。

炸机：指由于各种原因，无人机出现坠毁、摔机等一系列情况。

搜星：指无人机搜索卫星的过程，搜星的数量越多，定位越精准。

丢星：指无人机丢失GPS卫星信号，原因可能是受到磁场干扰或是受建筑物、山脉遮挡等。

射桨：指由于螺旋桨的安装不正确或设计问题，导致螺旋桨的损坏或脱离电机。

果冻：由于无人机机身与云台的抖动导致拍摄的画面高频振动，看起来像振动的果冻一样，这种画面现象被称为"果冻"。

空中停车：指无人机在空中运行时电机突然停止运行，这种情况会导致"炸机"。

钉钉子：是指无人机在空中悬停时十分稳定，GPS信号越强，飞行环境风力越小，无人机悬停越稳定。

掉高：指无人机非人为操作而突然迅速降低高度。

蹿高：指无人机在GPS定位模式下非人为操作而突然快速升高。

过放：指无人机电池正常放电至截止电压后，继续放电，会导致电池不可逆的损坏。

过充：指无人机正常充电完毕后继续高压充电，容易导致电池短路、漏液等情况。

（2）飞行模式

无人机一般有三种飞行模式，分别为普通模式、运动模式和姿态模式。在进行飞行训练前，飞手要对这三种无人机飞行模式有清晰的认知和了解，以免发生不应该出现的飞行安全事故。

① 普通模式　普通模式也称GPS定位模式，是最常用的一种模式，一般是无人机出厂时默认的飞行模式。该模式下，无人机根据GPS定位信息和视觉系统进行自动增稳、精准悬停、一键返航以及一些智能飞行等基本操作，适合新手。

② 运动模式　运动模式除了利用GPS模块实现高精度的悬停、飞行、返航等基本操作以外，无人机的灵敏度更高，速度更快，多用于无人机竞速等。需要注意的是，使用运动模式飞行时，由于视觉避障系统会自动关闭，而且操作灵敏度和飞行速度大幅提升，主动刹车距离会大幅提升，所以需要保留足够的刹车距离。

③ 姿态模式　姿态模式是一种不使用GPS定位信息和视觉系统，仅仅依靠系统自带的传感器控制飞行姿态的飞行模式。由于失去了导航系统的精确定位，姿态模式下的无人机只能保持机身的相对稳定，但无法保持定点精准悬停，尤其是在风力和气流的影响下，无人机经常出现移动，也就是所谓的"漂移"。姿态模式下，需要手动微操调整和控制无人机的飞行姿态，适合基本功练习。

此外，一些无人机还有平稳模式和手动模式。平稳模式是一种更精准、更稳定的飞行模式，主要是为了拍摄更为稳定的航拍镜头。而手动模式则是一种比姿态模式更有难度的飞行模式。姿态模式还有飞控系统提供姿态稳定，无人机会漂移但不会在空中翻转。手动模式是完全由飞手手动操控，可以做出任意动作的飞行模式。

飞行前的准备

上一小节已经介绍了无人机的基础知识与专业术语，但航拍新手在起飞前还需要仔细阅读使用说明书。建立主动阅读使用说明书的意识和习惯非常重要，对飞手尤其是没有阅读使用说明书习惯的新手来说，不仅能够帮助新手正确地使用该产品，还能发现特定产品的一些独特性能，最大程度上挖掘和发挥产品的性能。

4.2.1 阅读使用说明书的方法

无人机设备的使用说明书可以称为飞手入门训练的前设课程，相较于短视频教程的零碎以及专业视频教程的冗长，使用说明书可以让飞手在较短的时间内快速掌握无人机的基本参数、核心性能以及飞行技能技巧。因此，在开始飞行前熟读使用说明书，是非常重要而且必要的。一般在购买无人机时，厂家会随飞行器配备一份纸质版使用说明书。若未配备说明书，飞手可以去无人机官网查阅和下载。

（1）使用说明书的阅读顺序

一般情况下，无人机使用说明书包含安全快速入门手册和用户手册两部分。对于新手而言，首先应阅读其中的安全相关内容，确保无人机设备安全和飞手个人人身安全。其次，熟悉产品部件名称，进而阅读用户手册中飞行挡位、飞行器状态指示灯、自动返航、智能飞行功能、视觉系统和红外传感系统等飞行器和遥控器相关内容。再次，在起飞前要阅读快速入门和飞行操作的相关内容。最后，在新手阶段，无人机一些难度较高、较为复杂的内容可先作一定的了解，待进入进阶飞行阶段后再仔细研读，以便对无人机系统有更深入的了解。

（2）使用说明书的重点阅读内容

作为新手，阅读无人机使用说明书时可以重点关注飞行器功能及参数、飞行器状态指示灯说明、无人机安装和拆卸细节，以及相关注意事项和禁止事项。

① 了解飞行器功能及参数　了解所用产品的功能及其具体参数，有助于发挥其特定功能和最佳性能。值得注意的一点是，无人机说明书所描述的性能通常是在一定的实验条件下测得的，与日常飞行环境存在一定的差异，因而不要盲目相信数据，应该根据实地情况作出相应调整。

② 熟悉飞行器状态指示灯说明　指示灯的状态组合，在一定意义上来说就是一种"灯语"。熟悉和掌握"灯语"，能有效帮助飞手确认无人机的飞行状态。尤其是在无人机遇到故障或面临紧急情况时，飞手尤其是新手难免会紧张乃至惊慌失措，而通过检查飞行

器状态指示灯，可以直接、快速地了解无人机飞行状态以及出现的异常情况，从而做出相应的处理措施。

③ 仔细阅读安装和拆卸细节　首次使用无人机飞行时，可能需要自行安装无人机的部分零件，此时需严格按照说明书的方法和流程进行正确安装。特别是螺旋桨的安装，可能因安装不当导致"射桨"，引发不应该发生的"炸机"状况。

④ 关注注意事项和禁止事项　使用说明书中的注意事项和禁止事项，通常是无人机飞行中可能出现不可逆后果的情况，因此有经验的飞手在阅读使用说明书时可以略过熟悉的部分内容，但不能忽略注意事项和禁止事项的内容。

4.2.2　起飞前的准备

做好起飞前的准备是确保飞行训练或航拍工作顺利的前提。这里的起飞前准备主要涉及无人机飞行安全方面的内容，例如确认拍摄地点、飞行环境、电池以及储存卡等。

（1）检查无人机及相关设备

在操作无人机飞行前要对周围环境及无人机的各个部件做相应的检查，任何一个安全细节检查不到位都有可能导致在飞行过程中出现安全事故，因此在飞行前应该确保该有的检查一定要到位，防止发生意外。

① 无人机部件　在启动飞行器前，飞手应先检查飞行器螺旋桨有无肉眼可见的损坏，看看螺旋桨是否完好，安装是否紧固，旋向是否正确，旋转是否顺滑。若无人机螺旋桨出现缺口或变形，会影响到机身的平衡，甚至造成相机振动，使拍摄的视频出现"果冻效应"。

检查完螺旋桨状态，还需检查飞行器零部件是否存在问题。例如机架外壳有无明显破损，螺丝有无松动，云台转动是否顺畅，各个接头是否紧密，云台相机是否安装牢固等。

此外，遥控器的检查也不能忽略。遥控器设置是否正确，电池电量是否充足，图传信号是否正常等，都需要飞手进行细致的检查。

② 电池和储存卡　电池和储存卡检查是飞行器检查至关重要的一步。飞手需确保无人机电池无破损、鼓包胀气、漏液等现象，如出现上述情况应立即停止飞行，更换电池。再就是检查飞行器电池电量情况，以及内储存卡类型及性能参数是否达到拍摄要求，容量是否充足等，以确保能够支撑拍摄的需要。

③ 固件版本　无人机固件是指无人机内部的计算机与无人机硬件连接的程序。在飞行前，飞手要查看无人机是否已经更新最新固件。一般来说，若有新的固件升级，无人机都会进行升级提示。

④ 惯性测量单元和指南针校准　开机检查惯性测量单元和指南针是否正常。当惯性测量单元和指南针没有准确运行时，无人机一般会提示校准，可以根据提示的步骤完成对惯性测量单元和指南针的校准。校准完成时，无人机会以文字显示或语音提示的方式告知

校准是否成功。

（2）了解飞行区域状况

无人机的飞行区域受政府相关法律规定的约束，也受到周围建筑设施、气候等多种因素的影响。因此，对于飞手而言，了解飞行区域状况是确保飞行安全的重要一步。无论是入门不久的新手，还是经验老到的飞手，起飞前都一定要做足功课。

① 了解是否限飞　为了保障公共空域的安全，通常机场、重要政府机关单位、监狱、核电站等敏感区域都会限制无人机飞行，也就是俗称的禁飞区。在大型演出、重要会议、营救现场等区域，有时也会设置临时禁飞区以维护公共安全。除了禁飞区外，有的区域虽不禁飞，但可能是限飞区，会对飞行高度进行限制。还有的地方，需要飞手有一定的资质，如无人机驾照，以及通过特定的申报流程获准才能飞行。值得注意的是，无人机航拍的禁飞区和限飞区有时是动态调整的，作为飞手要提前了解，动态跟进相关通告，最终确定是否允许进行航拍飞行。

② 确保环境适宜飞行　除上述政策严格限飞的区域以外，还有一些区域由于环境因素也不适合无人机的飞行，稍有不慎就有"炸机"的风险。

第一类是会对无人机信号产生干扰的区域，尤其是一些可能损毁无人机电子元件的场所，例如通信基站、电塔和信号站等设施周围。

第二类是建筑工地、桥梁等以钢筋为主体的建筑，以及金属船体等会对指南针校准造成影响，导致飞行方向错乱的区域。

第三类是湖面、海面等水面，不建议超低空飞行。由于水面缺乏纹理特征，无人机视觉系统可能难以识别甚至识别错误，导致飞行器出现掉高落水的"炸机"情况。

第四类是人员密集的场所，例如学校、住宅、医院等，在这些地方飞行一旦失控容易造成事故。

③ 查询天气情况　天气也是影响无人机飞行的重要因素。对于飞手尤其是新手来说，飞行前务必提前查询当地的天气情况，尽量避免在恶劣天气下飞行。

在雨、雪天气下，无人机的电机、云台和相机等很多裸露在外的部件容易进水，极易造成设备的损坏。

在大风天，无人机的抗风性能欠佳，通常无法抗拒5级及以上大风。一来在大风中飞行操控难度大，二来风中耗电量会增大，尤其逆风情况下如果未及时返航，无人机很可能会失控。

在雾霾天气下，对飞手的影响主要是视觉方面。对新手来说，超视距飞行的情况下容易因为紧张、慌乱而误操作，造成飞行安全事故。

在沙尘暴天气下，飞扬的沙尘不仅影响能见度，还容易进入飞行器中，损坏电机和摄录系统等。

除上述天气外，极端气温情况也要谨慎飞行。飞行无人机内的电池、电路和芯片等电子设备对温度具有一定的敏感性。温度过高，容易造成短路；温度过低，无人机可能无法正常启动。为保证无人机的正常工作，应避免在极端温度的环境中飞行。适宜飞行的环境温度一般为0℃～40℃。

（3）现场航线勘察

良好的飞行器状态和适宜的飞行环境还不足以保证飞行任务的顺利完成。在正式起飞前，飞手还需要提前按照前期规划好的航线进行现场勘察。航拍线路的规划不仅包括航拍所在区域的飞行路径和时间，还涉及飞行器进出航拍区域的方向、高度和速度等，可以说航线规划的顺利实施是实现航拍画面效果的有力保障。

在现场勘察中，有两点需要飞手进行重点观察。一是起飞点的勘察。飞手应选择地势平坦开阔的地方作为起飞点，确保飞行器起飞时校准不出现问题。飞行器的返航点往往是起飞点，新手选择自动返航时要保障飞行器有足够的返航空间。二是航线的勘察。需要查看航线中有无超高建筑、电线等外物的阻碍或者发射塔的信号干扰等。

起飞前的准备工作相对繁琐复杂，涉及多个方面，容易漏检一些内容，所以无论是从航拍安全的角度来看，还是从养成良好工作习惯来说，都有必要借助无人机飞行检查表（表4-1）来确保检查工作有条不紊地开展，避免出现纰漏和混乱。

表4-1　无人机飞行检查表

无人机飞行检查项目	记录
开箱检查	
1. 所有部件无破损	
2. 螺旋桨完好且安装牢固	
3. 飞行器外壳无损坏	
4. 遥控器电量充足	
5. 飞行器电池无异常且电量充足	
6. 储存卡已安装好	
开机检查	
1. 固件版本已更新	
2. 飞行器水平放置后打开飞行器电源无障碍	
3. 相机／云台状态正常	
4. 指南针已校准	
5.GPS信号为绿色	
6. 储存卡剩余容量充足	
试飞检查	
1. 根据环境设置返航高度	
2. 确认遥控器的姿态选择及模式选择	
3. 手动刷新返航点	
4. 测试遥控器各项操作无异常	
5. 观察飞行器悬停无异常	

续表

无人机飞行检查项目	记录
环境勘察	
1. 飞行环境适宜	
2. 天气状况良好	
3. 起飞点确定安全	
4. 飞行航线安全无障碍	
检查人：　　　　　　　　　日期：	

4.3 / 基本飞行训练

航拍过程中的各种复杂飞行都可以分解为一个个简单的飞行动作衔接组合而成，因此我们要先进行一些飞行动作的入门训练。通过这些基本飞行动作训练，提高人机一体的配合度与默契度，进而形成肌肉记忆，为后面的航拍实践打好基础。

4.3.1 / 安全起飞与降落

无人机的起飞与降落是航拍飞行训练的起始步骤，在这一过程中极易发生事故，因此做好飞行准备，并熟悉和掌握起飞与降落的技能尤为重要。

（1）安全起飞

起飞是无人机飞行中的第一步操作，无人机的起飞一般分为手动起飞与自动起飞。无论是哪种起飞方式，都需要先做好准备工作。首先将无人机放置于水平地面上，远离无人机并保持一段安全距离后，再打开遥控设备。

当显示设备提示已经连接后，进入飞行界面。如提示需要校正IMU或指南针，则需要先按提示的步骤完成校正之后，才可以进入起飞操作。当搜星达到起飞要求，会提示"起飞准备完毕"，表示无人机已经做好飞行准备，飞手可以自主选择手动起飞或自动起飞，完成起飞动作。手动起飞需要飞手同时将两个操作杆以"内八"或"外八"的打杆方式开启无人机（图4-5）。

图4-5 "内八"手势示意图

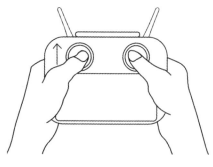

图4-6　起飞操作示意图

待电机启动，带动螺旋桨正常旋转之后，此时应将左摇杆缓慢向上推动，尽快让无人机飞离地面，以免有风导致无人机侧翻，损坏桨叶（图4-6）。待上升到安全高度后，停止拨动摇杆，无人机将在空中悬停，观察无人机运转是否正常。如果无异常，就完成了一次成功的起飞。

使用"自动起飞"功能可以实现一键起飞，即只需点击屏幕上的"自动起飞"按钮，当屏幕中央弹出起飞提示框时，按照提示右滑即可顺利起飞。无人机上升至1.2米的高度后将自动停止上升，此时左上角状态栏显示"飞行中"，表示无人机已完成起飞动作。不过，此时无人机处于1.2米的高度，并不是很安全的高度，为保证飞行安全，建议让无人机继续上升到高于近距离障碍物的高度之后，再进行后续的飞行动作。

> 【无人机安全起飞的注意事项】

　　无人机起飞时，操作人员最好与无人机保持3～5米距离。

　　无人机起飞后，应先上升到安全高度再悬停，建议最好高于近距离范围内的人、树木或建筑等，以免发生安全事故。

　　严禁在地面突然急推油门或其他摇杆起飞，避免无人机不可控而撞向人群。

　　用手托举起飞时，需要特别注意安全。建议将无人机托举高过头顶，并与无人机螺旋桨保持一定安全距离，再进行手动起飞操作，当手感应到足够的升力时放开无人机，即可完成起飞。

（2）安全降落

降落是一次飞行的结束动作，同样也有手动降落与自动降落两种方式。当飞行完毕需要降落无人机时，飞手应首先确认下降点没有任何的遮挡物或人，再进行下降操作。手动降落需要飞手将左摇杆轻轻向下拉动，当无人机降落至地面后，将左摇杆拉到最低位置并保持，即可关闭电机（图4-7）。此时螺旋桨停止旋转，降落完成。

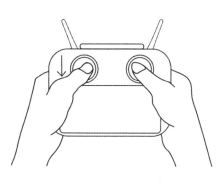

图4-7　下降操作示意图

点击"自动降落"按钮开启降落动作，屏幕上会出现降落提示框，根据提示点击"确定"按钮后，无人机将自动进行降落，页面中出现"飞行器正在降落，视觉避障关闭"的信息。当无人机成功降落到地面后，将自动停止电机，完成降落。飞手在完成降落操作后，应尽快关闭无人机电源，一是减少无人机电池的耗电量，二是避免误操作带来其他安全隐患。

飞手遇到起飞地面不平整无法在地面降落时，可以借助一些其他物体的平整表面如无人机机箱等进行安全降落，但需注意降落过程应保持平稳，完成降落后尽快关闭电源，避免不必要的安全事故发生。另外，在没有选择的情况下，也可以通过徒手接机的方式进行降落。降落前，建议飞手先关闭"前/后视感知系统"功能，以及"下视定位"和"返航障碍物检测"等避障功能，再轻轻向下拉动左摇杆，当无人机下降到高于头顶的安全位置后，单手接住无人机，并持续将左摇杆向下拉到最低位置，直到电机停止，手持降落操作完成。

起飞与降落是无人机飞行的基本操作，也是一次航拍的开始与收尾动作，虽然简单但也不能忽视其重要性，因为起降过程是无人机飞行中比较容易出现安全问题的环节。只有熟练掌握起飞与降落的技巧，才能帮助飞手安全起降，尤其是在遇到特殊情况时能够迅速作出正确反应，安全降落以保证"人机安全"。

4.3.2　熟悉操作杆

完成起飞与降落的训练后，飞手可以进行熟悉操作杆的训练，为接下来的组合打杆训练提供基础。建议新手先使用GPS模式进行练习，在熟悉基本操作后，为提升操控水平，使用姿态模式进行飞行训练。为确保飞手与飞行器的安全，建议在训练过程中让无人机一直处于视线范围内，并尽量保持无人机不超出直径为2米的圆范围。

下面将以"美国手"为例，从新手入门训练的6组飞行动作开始，介绍左右两个摇杆，以及云台拨轮的使用方法与技巧。

（1）纵向飞行：垂直上升、悬停与下降

上升和下降是无人机飞行中的基础动作，只需将左侧摇杆缓慢上推即可完成无人机的上升，松开摇杆保持悬停，下拉左侧摇杆即可完成下降动作。动作很简单，但是要保持垂直上升与下降，还要考虑风向的影响，需要及时通过打杆修正飞行姿态（图4-8）。

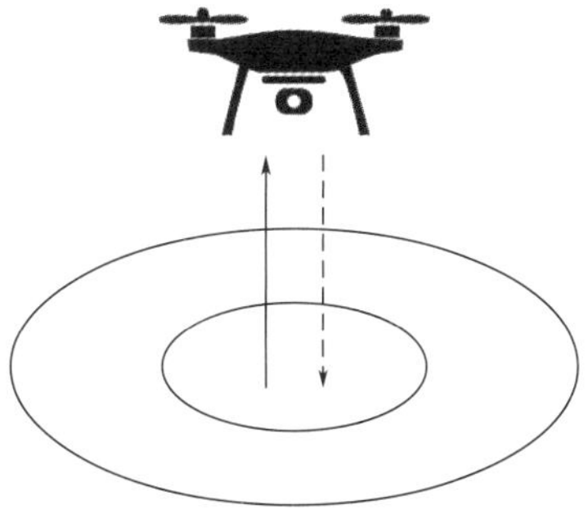

指定动作：顺利起飞后由安全高度悬停开始，垂直上升至4米高度，保持悬停2秒后，垂直下降至安全高度并转入悬停。

图4-8　纵向飞行示意图

训练要求：在此过程中保持上升、下降匀速，速率为1米每秒，飞行器不得超过直径为2米的圆范围，且上升、下降过程中无明显的大幅修正动作。

训练难点：飞行器在上升和下降过程由于受气流的影响，只是单一加减油门的话，上升和下降的轨迹就可能不是垂直的，所以需要及时修正飞行姿态，这时的打杆方向和幅度大小是保证垂直的关键。

（2）自转飞行：无人机自转一周

无人机的原地自转可以便于飞手观察周围景象，使用的也是左侧摇杆。飞手只需要左右推动左摇杆，即可完成自转动作。向左拨动左摇杆，无人机逆时针旋转；向右拨动左摇杆，无人机则顺时针旋转（图4-9）。

指定动作：飞行器在2米高度悬停，绕自身重心点逆时针旋转一周，悬停2秒，转入顺时针旋转一周。

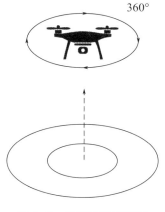

训练要求：悬停旋转时高度不变，旋转速率为90°每秒，整个动作均匀平稳，过程中无忽快忽慢的情况发生，停止时无提前或滞后现象，不能超过直径为2米的圆范围，掉高不超过0.5米。

训练难点：旋转的过程中由于螺旋桨的反扭矩影响，在不平衡的时候会发生偏航。由于飞手所看到的无人机视角在不断变化，所以需要飞手作出正确的方向判断并及时修正。

图4-9　自转飞行示意图

（3）直线飞行：前进与后退

直线飞行是最简单的无人机飞行手法，对尾飞行时只需轻轻前推右侧摇杆即可完成这一动作（图4-10）。缓慢前推右摇杆，无人机向前飞行；缓慢后拉右摇杆，无人机慢慢后退。但是要真正实现无人机的直线飞行，还是有较大难度的，飞着飞着就会飞歪了，需要通过及时打杆来修正气流等对无人机飞行路线的影响，达到直线飞行的效果。

指定动作：顺利起飞后由4米高度悬停开始，向前直线飞行4米，保持悬停2秒后，向后飞行4米并转入悬停。

训练要求：在此过程中保持前进、后退匀速，速率为1米每秒，飞行高度保持不变，且飞行过程中无明显的大幅修正动作。

图4-10　直线飞行示意图

训练难点：飞行器在直线飞行阶段由于受气流的影响，只是单一加减油门的话，其飞行路线难以保持直线，所以需要及时修正飞行姿态。这时的打杆方向和幅度是保证直线飞行的关键。

（4）横向飞行：向左或向右侧飞

侧飞就是从目标物的一侧飞向另外一侧，所使用的也是右侧摇杆（图4-11）。缓慢左拨右摇杆，无人机向左侧飞行；缓慢向右拨动右摇杆，无人机向右侧飞行。

指定动作：顺利起飞后由4米高度悬停开始，向左侧

图4-11　横向飞行示意图

飞4米，保持悬停2秒后，向右侧飞4米并转入悬停。

训练要求：在此过程中保持匀速飞行，速率为1米每秒，飞行高度保持不变，且飞行过程中无明显的大幅修正动作。

训练难点：飞行器在飞行阶段由于受气流的影响，可能会出现掉高情况，且侧飞路线也难以保持直线，所以需要及时修正飞行姿态，把握好打杆方向与幅度。

（5）镜头俯仰：匀速调节锁定主体

镜头的俯仰也是航拍中经常使用的操作，需要飞手通过缓慢调节俯仰拨轮，使镜头慢慢下降或抬起（图4-12）。在实际操作过程中，由于俯仰拨轮总行程短，容易拨动过快，镜头的俯仰操作很难保持匀速，甚至容易出现主体偏出画面的情况，拍出的镜头不够流畅、自然。因此，新手应加强对拨轮的训练。

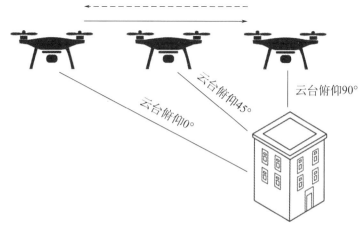

图4-12　镜头俯仰示意图

指定动作：无人机从安全高度悬停开始，选取正前方4米的地面作为标志物，向前匀速飞行，在接近标志物过程中拨动轮盘，并在无人机与标志物垂直时保持云台俯角90°悬停2秒。随即后退并在后退过程中拨动轮盘，在飞行器回到原位时云台俯仰角归0°。

训练要求：整个飞行过程保持匀速前进与后退，俯仰角变化应匀速流畅，整个过程中俯仰角度的变化无卡顿现象发生。

训练难点：云台俯仰拨轮的操作较为精细，需要飞手能够使用手指紧贴拨轮下边缘，缓慢拨动轮盘进行微操作。

（6）悬停技术：四位悬停

悬停是无人机飞行过程中必不可少的动作，也是各飞行动作之间的衔接动作。理论状态下飞手松开摇杆即可实现悬停，但是无人机在悬停状态常受到风力影响产生偏航，因此需要飞手轻微调整摇杆才能实现悬停（图4-13）。

指定动作：飞行器在2米高度悬停2秒后，每悬停2

图4-13　四位悬停飞行示意图

秒原地转90°（左右均可）直至完成对尾、对右侧面、对头、对左侧面。

训练要求：悬停旋转时垂直高度保持不变，旋转过程中机体无明显偏航，停止时角度正确，无提前或滞后现象，旋转速率为30°每秒匀速，整个过程中无卡顿现象发生。

训练难点：旋转的过程中由于螺旋桨的反扭矩影响，容易偏航过了，而且囿于飞手观察无人机的视角，需要寻找有地标的地方进行训练，通过参照物作出正确判断并及时修正。

4.3.3　组合打杆训练

在实际的航拍过程中，我们会运用不同的运镜手法，让画面呈现出最好的视觉效果。仅仅依靠单一的打杆方式，显然无法满足实际的航拍工作需求。因此需要飞手通过各种不同组合的打杆方式来操控无人机的飞行动作，以获得所要达到的各种画面效果。

（1）74种打杆组合

无人机的遥控器上有控制无人机运动的两个摇杆和控制镜头俯仰的一个拨轮，将不同摇杆进行如下标注。

左手摇杆：上升、下降、左旋、右旋四种打杆。

右手摇杆：前进、后退、左飞、右飞四种打杆。

俯仰拨轮：上仰、下俯两种方式。

将上述打杆操作进行组合搭配，可以得出多达74种的运镜方式。如果只打一个杆量的话，有 $C（1，5）\times C（1，2）$ 种组合，产生10种运镜方式；只打两个杆量，有 $C（1，4）\times C（1，4）+C（1，4）\times C（1，2）+C（1，4）\times C（1，2）$ 种组合，产生32种运镜方式；打三个杆量，有 $C（1，4）\times C（1，4）\times C（1，2）$ 种组合，产生32种运镜方式。加起来总共产生74种运镜方式。

本书将74种打杆组合按照打杆数量的多少进行排序，制作成表格（表4-2）方便读者查阅。在实践操作中，可以自由尝试各种打杆组合，去理解每一种组合操作下无人机的飞行状况，同时通过缓慢增减打杆量，去感受无人机飞行状态的变化。需要说明的是，这里简化了两个摇杆的打杆动作，事实上每个摇杆的动作有更丰富的变化，新手在基本动作组合训练之余，也可以去尝试更丰富的打杆组合操作，体验更为丰富多变的飞行操控。

表4-2　无人机打杆搭配表

序号	左手摇杆	右手摇杆	俯仰拨轮	飞机姿态
1	上			无人机上升
2		上		无人机前进
3			左滑	云台俯
4	下			无人机下降
5		下		无人机后退

续表

序号	左手摇杆	右手摇杆	俯仰拨轮	飞机姿态
6			右滑	云台仰
7	左			无人机水平向左旋转
8		左		无人机向左平移
9	右			无人机水平向右旋转
10		右		无人机向右平移
11	上	上		无人机上升 + 前进
12	上	下		无人机上升 + 后退
13	上	左		无人机上升 + 向左平移
14	上	右		无人机上升 + 向右平移
15	下	上		无人机下降 + 前进
16	下	下		无人机下降 + 后退
17	下	左		无人机下降 + 向左平移
18	下	右		无人机下降 + 向右平移
19	左	上		无人机水平向左旋转 + 前进
20	左	下		无人机水平向左旋转 + 后退
21	左	左		无人机水平向左旋转 + 向左平移
22	左	右		无人机水平向左旋转 + 向右平移
23	右	上		无人机水平向右旋转 + 前进
24	右	下		无人机水平向右旋转 + 后退
25	右	左		无人机水平向右旋转 + 向左平移
26	右	右		无人机水平向右旋转 + 向右平移
27	上		左滑	无人机上升 + 云台俯
28	上		右滑	无人机上升 + 云台仰
29	下		左滑	无人机下降 + 云台俯
30	下		右滑	无人机下降 + 云台仰
31	左		左滑	无人机水平向左旋转 + 云台俯
32	左		右滑	无人机水平向左旋转 + 云台仰
33	右		左滑	无人机水平向右旋转 + 云台俯
34	右		右滑	无人机水平向右旋转 + 云台仰
35		上	左滑	无人机前进 + 云台俯
36		上	右滑	无人机前进 + 云台仰
37		下	左滑	无人机后退 + 云台俯
38		下	右滑	无人机后退 + 云台仰
39		左	左滑	无人机向左平移 + 云台俯

序号	左手摇杆	右手摇杆	俯仰拨轮	飞机姿态
40		左	右滑	无人机向左平移 + 云台仰
41		右	左滑	无人机向右平移 + 云台俯
42		右	右滑	无人机向右平移 + 云台向仰
43	上	上	左滑	无人机上升 + 前进 + 云台俯
44	上	上	右滑	无人机上升 + 前进 + 云台仰
45	上	下	左滑	无人机上升 + 后退 + 云台俯
46	上	下	右滑	无人机上升 + 后退 + 云台仰
47	上	左	左滑	无人机上升 + 向左平移 + 云俯
48	上	左	右滑	无人机上升 + 向左平移 + 云台仰
49	上	右	左滑	无人机上升 + 向右平移 + 云台俯
50	上	右	右滑	无人机上升 + 向左平移 + 云台仰
51	下	上	左滑	无人机下降 + 前进 + 云台俯
52	下	上	右滑	无人机下降 + 前进 + 云台仰
53	下	下	左滑	无人机下降 + 后退 + 云台俯
54	下	下	右滑	无人机下降 + 后退 + 云台仰
55	下	左	左滑	无人机下降 + 向左平移 + 云台俯
56	下	左	右滑	无人机下降 + 向左平移 + 云台仰
57	下	右	左滑	无人机下降 + 向右平移 + 云台俯
58	下	右	右滑	无人机下降 + 向右平移 + 云台仰
59	左	上	左滑	无人机水平向左旋转 + 前进 + 云台俯
60	左	上	右滑	无人机水平向左旋转 + 前进 + 云台仰
61	左	下	左滑	无人机水平向左旋转 + 后退 + 云台俯
62	左	下	右滑	无人机水平向左旋转 + 后退 + 云台仰
63	左	左	左滑	无人机水平向左旋转 + 向左平移 + 云台俯
64	左	左	右滑	无人机水平向左旋转 + 向左平移 + 云台仰
65	左	右	左滑	无人机水平向左旋转 + 向右平移 + 云台俯
66	左	右	右滑	无人机水平向左旋转 + 向右平移 + 云台仰
67	右	上	左滑	无人机水平向右旋转 + 前进 + 云台俯
68	右	上	右滑	无人机水平向右旋转 + 前进 + 云台仰
69	右	下	左滑	无人机水平向右旋转 + 后退 + 云台俯
70	右	下	右滑	无人机水平向右旋转 + 后退 + 云台仰
71	右	左	左滑	无人机水平向右旋转 + 向左平移 + 云台俯
72	右	左	右滑	无人机水平向右旋转 + 向左平移 + 云台仰
73	右	右	左滑	无人机水平向右旋转 + 向右平移 + 云台俯
74	右	右	右滑	无人机水平向右旋转 + 向右平移 + 云台仰

（2）简单组合飞行训练

下面列举几个常见的飞行动作组合，供新手训练。在飞行训练过程中，不断熟悉双手协作的操作方式，提高动作熟练度，进而形成肌肉记忆，为接下来的航拍飞行夯实基础。

① 斜飞　斜飞是指无人机镜头从左至右或从右至左拍摄，大范围展现复杂的大环境，从而营造宏大壮阔的视觉效果。

打杆方法：左手往上推油门杆的同时，右手往右或往左拨动横滚杆，组合打杆得到向上斜飞的飞行路线。反之，则得到向下斜飞的飞行路线。

② 螺旋　螺旋指的是无人机自身旋转的同时上升或下降的飞行路线，这是一种螺旋式的上升或下降镜头。

打杆方法：左手上推油门杆的同时，缓慢往左右方向操控无人机偏航，组合动作得到螺旋上升的飞行路线。反之，则得到螺旋下降的飞行路线。

③ 刷锅　刷锅也就是环绕飞行，是无人机围绕一个目标点沿圆弧线飞行，能够全面展示目标物体。

打杆方法：以顺时针环绕为例，先将相机镜头平视拍摄对象，向左轻微拨动右摇杆，无人机向左侧飞；同时向右拨动左摇杆，使无人机向右旋转，也就是两摇杆同时向内打杆。当侧飞的偏移角和旋转的偏移角达到平衡后，可保持拍摄主体始终位于画面中间。如果要逆时针环绕，只需左右摇杆同时向外打杆。

④ 渐远与俯冲　渐远指飞行器朝后飞行的同时增加飞行高度，俯冲则与之相反。

打杆方法：渐远是左手往上拨动油门杆控制无人机上升，右手向下打俯仰杆后退，同时左手逆时针方向拨动云台俯仰拨轮，使云台缓慢朝下转动，转动幅度不宜过大。俯冲是左手往下拨动油门杆控制无人机下降，右手向上打俯仰杆控制飞行器前飞，同时左手逆时针方向拨动云台俯仰拨轮，使云台缓慢朝下转动，转动幅度不宜过大。

（3）进阶的动作训练

飞手在进行航拍时，需要能够快速地将想要拍摄的画面规划为流畅的飞行路线，进而转换为具体的手势操作，并且在飞行过程中不断修正和微调无人机飞行姿态，这就需要飞手对摇杆和俯仰拨轮的操控游刃有余。接下来分享几种相对复杂的飞行路线，通过空间判断基础上的操控训练，进一步提升飞手的手感和空间感知力。

① 垂直矩形飞行　无人机在A点右侧1米高度悬停，然后向右方平移4米后于B点悬停，2秒后转入垂直上升4米后于C点悬停，然后平移8米至D点悬停，2秒后转入垂直下降至E点悬停，2秒后向前平移4米至A点结束（图4-14）。

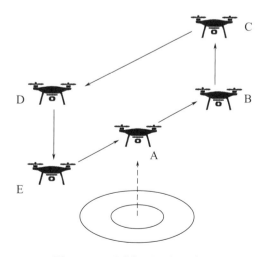

图4-14　垂直矩形飞行示意图

② 垂直三角形飞行　无人机先以1米高度悬停于A点，然后向B点方向匀速运动4米后，到达B点悬停后转入飞行器后退，匀速上升移动至C点处悬停后，继续后退向D点方向转入匀速下降移动至D点停止，再前进至A点（图4-15）。

③ 圆周线飞行　机头始终向圆周的切线方向，飞行轨迹为圆周线。横向向左拨动左摇杆使飞行器旋转，向前推右摇杆，左右手配合保持合理的运动半径，使机头始终朝向切线方向，且运动轨迹为逆时针方向的圆周线。如果向右拨动左摇杆，仍然向前推右摇杆，则得到的运动轨迹为顺时针方向的圆周线（图4-16）。

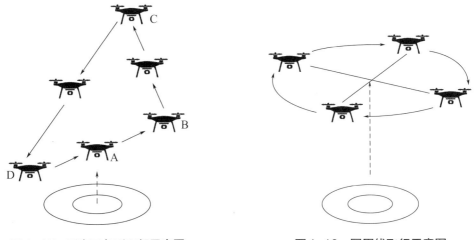

图4-15　垂直三角形飞行示意图　　　　　图4-16　圆周线飞行示意图

④ 水平8字飞行　水平8字线路是逆时针圆周线和顺时针圆周线的组合。首先要向前推右摇杆，保持机头沿圆周的切线方向并以一定的前进速度运动，过A点后向左拨左摇杆逆时针转弯，完成逆时针圆周线后，往右拨左摇杆顺时针转弯，完成顺时针圆周线（图4-17）。

⑤ 起伏路线飞行　飞行器沿直线向正前下方俯冲，达到最低安全位置后向正前上方飞升。需要飞手在操控无人机前进与后退的过程中拨动俯仰轮盘，使飞行器完成起伏路线的飞行（图4-18）。

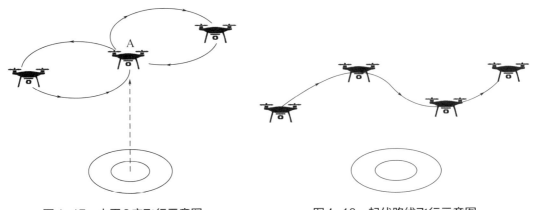

图4-17　水平8字飞行示意图　　　　　图4-18　起伏路线飞行示意图

4.4 / 应急飞行训练

在航拍实践中，难免需要穿越或绕飞一些比较复杂的场景，这极其考验飞手对场景的判断与决策能力，以及脑、眼、手的反应与协调能力。随着无人机越来越智能化，虽然有一些操作可以提前通过线路规划交由系统来自动完成，但是对于飞手来说，还是要通过不断训练来找到手感和提高空间感知力，准确地完成飞行路线，冷静地处理可能的突发情况。

接下来将通过飞行基本功、超视距飞行、夜间飞行和室内飞行的应急训练，帮助飞手养成好的手感和提升空间感知力，更好地掌握无人机飞行技能。

4.4.1 / 飞行基本功

实时定位、一键返航、自定义飞行等功能，大幅提高了无人机的飞行安全性和稳定性，也在很大程度上降低了对飞手操控技能的要求。但是，对于一个好的飞手来说，手动操控无疑是其最大的兴趣所在和动力源泉，也是目前航拍创作实践中一项必备的能力。

（1）手感

"一日不练三日空"，一些飞手可能隔上十天半个月或者更长时间才飞一次，这无益于手感的训练养成。无人机操控就像练习乐器，需要日复一日地反复训练。没有好的"手感"，很难做到行云流水、一气呵成。而"手感"并非一朝之功，需要长时间的飞行实践才能养成好的"手感"。

遥控器操作手势有两种。第一种是单指操控，这是一般的操控手法，刚入门的无人机飞手第一直觉都会使用单指操控，比较容易上手。第二种是双指操控，即俗称的"OK手"，是进阶的大多数飞手会用的操控手法。相较于单指操控，"OK手"可以做出更细腻的操作，以精准操控无人机的运动。对无经验的飞手来说，难度较高，需要多练习才能上手。想精进的飞手，建议把前面讲到的飞行动作用双指操控的方式来多加练习，熟能生巧。

（2）空间感知力

空间感知是指调动各种感官功能，如视觉、听觉、味觉、嗅觉和触觉等来感知周围世界的一个积极能动的过程。因此，对于飞手来说，所谓空间感知力就是对无人机所在的空间位置及其方位的准确判断能力，这是在航拍过程中避免"炸机"、保障安全飞行的必备能力。由于进入人类中心神经系统的神经纤维有三分之二来自眼睛，所以空间感知力大部分由视觉来支配。这里引入一个概念"视差"，即视觉误差，也就是从有一定距离的两个点上观察同一个目标所产生的差异。比如，当你伸出一个手指放在眼前，先闭上右眼，用左眼看它；再闭上左眼，用右眼看它，会发现手指相对远方物体的位置有了变化，这就是从不同角度去看同一个目标的视差。

视差对于飞手来说很重要，因为很多"炸机"事故就是因为视差造成的。我们知道，飞手通过大量的基本功训练可以提升空间感知力，但视差有时候并不是训练就能解决的。关于双眼视差，有一个重要的数据是飞手应该掌握的，就是当距离超过1300米时，两眼视轴平行，双眼视差为零。当双眼视差为零的时候，飞向目标的距离与高度的判断，都将发生偏差。当距离超过1300米时，飞手应该至少在距离拍摄物三分之一之内的地方操控，最好有专门的观察助手，帮助飞手判断无人机的位置。

4.4.2　超视距飞行

中国民用航空局飞行标准司规定，视距内飞行的范围为目视视距内半径不大于500米，人、机相对高度不大于120米，超过这个范围就属于超视距飞行。一般无人机的拍摄范围都远远超过这个范围，而且无人机体积小，因此超视距飞行是很普遍的情况。

超视距飞行是指无人机在飞手的目视视距以外的飞行状态，能够让飞手探索更高、更远的美景，但也容易带来信号丢失与失去控制等风险。飞行过程中可以调整遥控器的天线方向，指向无人机所在方位，以保证良好的信号传输效果。

在超视距飞行过程中，可以通过地图清楚地看到返航点、遥控器、无人机三者之间的位置，也可以通过姿态球来实时观察无人机的飞行状态和飞行方位（图4-19）。有无人机的飞行速度、距离、运动方向等参数，结合地图或姿态球还可以推断出现场环境的风向。如果返航是逆风向，需要及时调整飞行计划，确保有足够的电量支持返航。默认情况下，无人机不会显示姿态球，需要在左下角地图点成缩略版的小地图，再次点击小地图右下方的小图标就可以切换成姿态球。

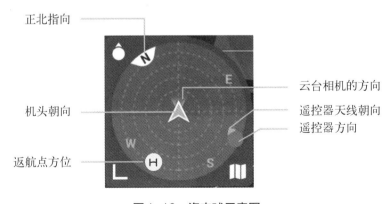

图4-19　姿态球示意图

正常情况下，无人机起飞会一直通过GPS记录自己的飞行轨迹。一旦收到干扰或者距离太远，和遥控器失去连接后，就会启动自动返航，沿着记录的GPS信号轨迹回到起飞时的位置。民用GPS的定位范围在5～10米，所以只靠GPS是不会精准回到1米范围的起飞点。目前，大疆大部分无人机能够视觉定位，即起飞时会用视觉定位记录地面的环境情况，无人机通过GPS返航降落到一定高度时就启动视觉定位，靠视觉定位最大可能让降落位置准确，同时也会检测无人机下面是否适合降落。

尽量让无人机保持在视距内飞行。选择合适的起飞地点，如空旷的场地，以获得足够开阔的视野，同时应远离信号基站、变电站等地，避免电磁信号的干扰。还应时刻观察无人机周围的环境以及无人机位置、高度、电量等，随时做好返航准备。如若必须超视距飞行，建议先确定好参照物之后再起飞。如果飞手移动到了较远的位置，要及时刷新起飞点，以便紧急状态下无人机能够安全返回到新的起飞点。

超视距飞行是航拍中的常规动作，所以超视距飞行能力也是每个航拍摄影摄像师应该具备的一项基础技能，而且超视距飞行训练也能更有效地提升空间感知力。超视距航拍时，因为需要通过屏幕来经营画面和运镜，看不见无人机心中难免会惊慌，所以最好有观察助手在目标区域内盯着无人机的飞行状态，并通过移动通信工具，如对讲机、手机等通信工具及时报告飞行状态。

> 【超视距的无人机返航操作技巧】

一键返航：长按遥控器上的"一键返航"按钮启动返航，前提是起飞前记录了返航点，且返航高度设置大于返航途中的最高障碍物，如建筑物、空中探测气球等，以确保返航安全。无人机执行返航程序后，会自动飞回起飞点。如果进入视距范围内，也可以选择终止自动返航，改为手动接管无人机。

无头返航：使用智能功能里面的无头返航功能，启动成功后，无论机头方向朝向何处，只需要按"美国手"定义下的右摇杆下方向，无人机就会直线飞回起飞点。

姿态球地图：超视距飞行中，如果无法在高空辨识地面的情况，找不到起飞点，此时不要惊慌，可以通过观察姿态球小地图，根据起飞点位置、无人机位置和机头朝向等确定返航操作，手动拉回即可。

4.4.3　　夜间飞行

夜间航拍画面有着独特的艺术效果，所以航拍夜景是很多航拍摄影摄像师最爱的一项。不过，追求更美的航拍画面，同时也意味着更多潜在的风险。在同一地点，夜间飞行与白天相比，视线更差，也更容易造成飞行安全事故，对飞手的空间感知力也提出了更高的要求，因此需要熟练掌握夜间飞行的技能和注意事项。

夜间航拍建议选择GPS定位模式，借助地图和姿态球以及遥控器屏幕上的飞行信息，确认无人机的实时位置、飞行速度、高度以及机头朝向等。返航时有两个注意点：一是降落前将无人机的指示灯打开，使机臂灯在黑暗的空中闪耀，方便确认无人机位置。二是巧用"自动返航"，让无人机自动飞往返航点。当无人机达到返航点上空，听到无人机的声音时，可以切换为手动返航，以免无人机在黑夜中自动降落到不安全的地方。

在夜间飞行时，因为肉眼难以看到电线、塔尖、玻璃等障碍物，也难以通过图传及时发现飞行路线中的障碍物，因此建议白天对飞行路线进行勘测、踩点，规划好飞行路线，提前熟知无人机的飞行轨迹。选择开阔平坦的地表作为起降点，远离树木、电线以及信号塔等。

> 【夜间飞行的注意事项】

白天事先做好航线勘察功课：尽量不要在不熟悉的地方夜间飞行，白天应先去勘察场景，规划好航线，测算好返航高度。有条件的情况下，最好白天先试飞一两遍该航线，标识好飞行路线上各个重要节点的飞行注意事项。

选择GPS信号良好的地段：夜间尽量选择GPS信号良好的地方飞行，设定好安全的返航高度再飞。

感光度（ISO）一般不要调太高：夜间航拍时ISO不要调得太高，不然会有噪点。如果无人机有双原生ISO，则根据弱光情况下的ISO进行设置。

时刻关注信号：随时关注无人机的方位与朝向，时刻注意GPS卫星信号与遥控器图传信号。如果发现信号减弱或丢失，要及时调整飞手位置或无人机位置，确保无人机在信号良好的状态下飞行。

不要贪飞：遇见美景难免流连忘返，但无人机一次升空时间有限，必须预留足够的电量返航。

确保起降点光线充足：注意起降点不要太暗，否则会造成无人机无法识别，而影响正常起飞或安全降落，严重时甚至导致"炸机"。如果环境较暗，建议起降过程用影视照明灯、户外手电等光源把起降点照亮。

4.4.4　室内飞行

关于室内飞行，首先需要指出的是不建议航拍无人机室内飞行，尤其是新手，因为室内飞行操控难度大，最重要的是不安全。当然，穿越机由于其性能和操控方式有别于航拍无人机，不在此列。我们重点关注航拍无人机室内飞行的原理，由于室内通常没有GPS信号或者GPS信号很弱，需要借助无人机的视觉定位系统来支持无人机在低空飞行，一般是靠光流定位和超声波定高来辅助悬停。由于视觉定位系统有一定的探测距离限制，目前这个高度通常在5米以下。如果确有必要室内飞行，需要了解航拍无人机室内飞行的一些环境要求、操作技巧和注意事项。

首先，室内飞行对室内环境有较高的要求。在室内飞行时，要求有充足的照明条件，地面无反光，无吸声材料，所以需要事先确定光照是否足够，以及室内地面纹理是否满足视觉定位需求。不建议在一些有纯色地面、纹理重复的地面如地砖、玻璃等的室内飞行。

其次，室内飞行需要做好相应的飞行前准备。建议关闭避障系统，失控时设置为悬停，切勿设置为返航。如果现场光线不好，建议打开下视辅助照明。

再次，室内飞行尽量选择最慢的飞行模式，比如大疆一些机型的T、Cine平稳挡。如果不是室内飞行经验非常老到的飞手，通常不建议选择姿态模式和手动模式。室内飞行过程中，建议操控动作宜缓不宜急，幅度宜小不宜大。室内飞行对飞手的空间感知力要求很高，对操作的精细化也提出了更高的要求。

最后，室内飞行尽量在视线范围内进行。由于室内可能存在一定的GPS信号，这会导致GPS定位与视觉定位争夺控制权，从而发生漂移，不在视线范围内飞行的话很容易出现"炸机"事故。

▶【室内飞行的注意事项】

注意飞行高度：室内飞行一般是通过视觉定位系统进行5米以下的低空飞行，如果在挑高很高的室内飞行，很可能出现降下来容易却拉升不上去的情况，所以要提前做好航线的规划，避开无法完成的飞行路线。

注意信号干扰：有些建筑物室内也会有GPS信号时有时无的情况，此时除了要注意GPS定位与视觉定位争夺控制权的问题以外，还要注意信号干扰的问题。因为钢铁结构或者混凝土结构会对无人机进行一定程度的干扰，无人机很容易出现急速漂移的情况，需要操控时特别小心，及时作出反应拉回。

注意安全防范：如果一定要在室内飞行，建议安装保护罩。室内飞行时，无论是视觉定位模式还是进入姿态模式，都有可能发生操控失误的情况，所以极有可能发生碰撞。如果没有安装保护罩，螺旋桨很容易受损而导致"炸机"。

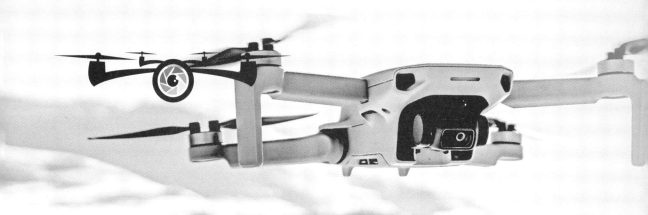

第 5 章

无人机航拍进阶训练：不止于飞行

美国著名摄影师欧文·罗兹曼谈起他曾经合作过的导演时说道："他们总让我把摄影机动起来，但当我问他们，为什么要让摄影机运动呢？他们说：'我也不知道，总之是要让它动起来。'这对我是没有意义的，我需要一个恰当的理由，或者是认为有必要让摄影机运动时才这么做的。"❶对于无人机航拍也是如此。

无人机航拍可以突破空间限制，拍摄运动更加灵活自由，但正如罗兹曼所言，无论运动镜头还是固定镜头的拍摄，都应当有一定的理由和指向。会飞不等于会拍，飞行技术好不等于拍得好。无人机飞手容易沉迷于飞行"炫技"，要想从飞手成长为航拍摄影摄像师，就应"不止于飞行"，确立运用镜头语言来指导航拍运镜的意识，从拍好一个规范的镜头开始。镜头是影片的最小组成单元，无人机航拍除了需要掌握无人机航拍的点、线、面、色彩、光影等形式要素，还需要进一步学习取景构图、固定镜头和运动镜头来开始航拍的进阶训练。

---

❶ 梁明、李力：《影视摄影艺术学》，中国传媒大学出版社，2009，第 92 页。

5.1 / 航拍的取景构图

　　航拍应根据主题的需要，对画面的结构元素包括主体、陪体、前景、背景和留白等进行有意识地选取与组织，并选择合适的景别、镜头焦距和拍摄角度等来加以呈现，从而使构图的形式要素更好地服务于画面主题的表达。

5.1.1 / 宽高比

　　想要拍好一个画面镜头，航拍摄影摄像师首先需要了解画幅宽高比。所谓画幅宽高比（Aspect Ratio）是指画面宽度与高度的比例，是影视技术领域中重要的基础标准参数。在影视技术的历史发展过程中，出现过很多种画幅宽高比"大比拼"，比如1.33：1，1.66：1，1.78：1，1.85：1，2.35：1等。在视频拍摄中，我们通常用整数代表，比如横幅构图中最常用的4：3和16：9。当然，现在还有相应的竖幅构图宽高比3：4和9：16。这些不同的画幅宽高比，对影片的播放系统和影片叙事，尤其是取景构图时的画面经营有着非常重要的影响。那么，应该如何选择适合的画幅宽高比呢？这主要还是取决于影像类型、影片表达和画面构图等多方面的需要。

　　其一，影像类型。4：3的画幅宽高比，主要用于早期的标清视频，目前很少使用（图5-1）。16：9的画幅宽高比，则主要用于高清视频，是目前高清视频平台的普遍选择（图5-2）。这两种画幅宽高比在摄影中也被广泛运用，而且由于早期电影35mm胶片和现在全画幅相机感光器件的大小为36mm×24mm，3：2的画幅宽高比在摄影中也得到了大量运用。1.85：1和2.35：1的画幅宽高比则主要用于电影中，能够获得更好的沉浸感。比如，2.35：1实际上是把4：3的比例进行了3次方的扩大，即4×4×4：3×3×3，这个画幅宽高比能获得更宽的横向视野。

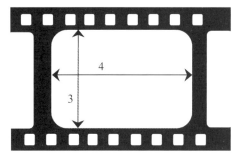

图5-1　画幅4：3

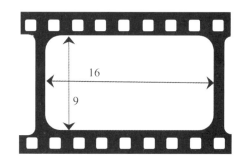

图5-2　画幅16：9

其二，影片表达。运用画幅宽高比的变化辅助叙事，是很多电影导演进行影片表达的一种方式。比如韦斯·安德森导演在影片《布达佩斯大饭店》中采用不同的画幅1.33∶1，1.85∶1，2.35∶1来表达不同年代的故事。贾樟柯导演在影片《山河故人》中也用了类似的手法来讲述过去、当下和未来的故事。还有利用画幅宽高比来表达特定的场景或角色情绪，比如用宽画幅的1.85∶1和2.35∶1来展现具有强烈震撼力的宏大场景，用接近方形比例的1.33∶1表现空间的局促与角色的困境等。

其三，画面构图。画幅长与宽的比例，直接影响画面元素的经营布局。横幅构图时，宽画幅的画面需要更重视画面空间的均衡；而竖幅构图时，窄画幅的画面相对来说需要更注重镜头的运动来加强画内外空间的联系。此外，不同的场景，用不同的画幅宽高比展现的画面效果会截然不同，比如用宽画幅和方形画幅来展现风景，显然对观众的视觉感染力会全然不一样。不同的被摄主体也是如此，如要表现角色的高大形象，一般来说用竖幅构图比横幅构图的效果更佳。

5.1.2　景别

了解画幅宽高比之后，我们还需要进一步学习和理解"景别"的概念。景别是指被摄主体在画面中呈现的范围和大小，被摄主体可以是人，也可以是物。景别主要分为远景、全景、中景、近景和特写，也可以有更细致的划分，比如大远景、中全景、中近景、大特写等。景别的大小主要与两个因素有关：一是摄距，在焦距一定的情况下，相机与被摄主体越远，景别越大，反之则景别越小。二是焦距，在摄距一定的情况下，焦距越短，景别越大，反之则景别越小。了解不同景别在画面中的作用，对于单个画面的取景构图和成组镜头的拍摄都是非常重要的。需要特别强调的是，对于各个景别的取景范围，要仔细观察取景框各条边的框取位置，各个景别都要力求做到取景准确、构图饱满、主体突出。

如图5-3航拍所示，不同的取景范围展现了同一被摄对象的景别差异，能够表现不同的视觉效果。

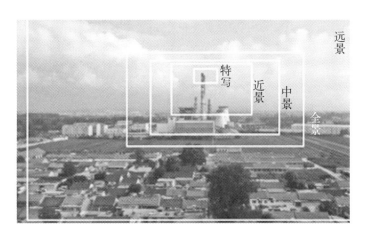

图5-3　景别（吴志斌摄）

（1）远景

远景画面是以场景为主要表现对象，被摄主体在画面中占据很小的比例范围，重在展示大场景，如辽阔的自然风景、气势恢宏的大场面或者被摄主体所处的大环境等。远景尤其是大远景常用于影片的开头或结尾，通过交代环境或渲染氛围，来开启或结束整个影片。纪录片《航拍中国》中的很多集都是以大远景来开头，然后斜向下飞入场景，用更小的不同景别来展开节目内容的讲述。

（2）全景

全景画面的视野范围比远景小一些，被摄主体全身都处在画面之中，并占据画面的主要位置和较大的比例范围，用于展示特定环境中的被摄主体，交代被摄主体与环境的关系。相对于远景来说，全景画面在展示整体环境的同时，还注重呈现被摄主体的全貌。在航拍中常用来呈现建筑或人的全貌，或者展示环境中主体与其他画面元素之间的张力关系，以更好地传递画面信息，加强影片主题的表达。

（3）中景

中景画面通常是指被摄主体的大部分处于画框之中并占据画面主要位置的一种景别。如果以人作为被摄主体来说，中景是指人物膝盖以上的身体部位都在画面中；若以建筑物作为被摄主体来说，中景则是指建筑物一半以上的部分在画面中。与全景画面相比，中景画面取景范围更小一些，囊括的背景环境更少，环境处于相对次要位置。中景画面常用于叙事性较强的场景拍摄，重在展示被摄主体的主要部分或上身动作，可以更聚焦在被摄主体身上，有利于表现被摄主体及其与陪体之间的关系。

（4）近景

近景画面主要是拍摄人物胸部以上，或者被摄主体一半以上的部分。近景画面着重体现人物的表情或者物体的质感，构图上更强调被摄主体本身，能够拉近画面与观众的距离。通常情况下，近景画面只有一个画面主体，画面其他元素往往会作为背景或前景处理。

（5）特写

特写画面用来表现人物肩部以上的部位，或者被摄主体的局部细节。特写画面通过镜头聚焦到被摄主体的某个局部，来突出表现被摄对象的细节特征或者动作细节，更富有表现力与悬念感，有利于强化观众进一步观察被摄主体细节的视觉感受。在航拍实践中，无人机航拍的特写画面通常较少，是因为目前航拍无人机长焦镜头的稳定性能和画面质量还有待进一步提高，需要靠近被摄主体来拍摄，从安全的角度来说，这对航拍操控技术有很高的要求。

5.1.3　　画面结构元素

无人机航拍取景构图时，除了要具备景别意识之外，还需要处理好画面中的主体、陪体、前景、背景和留白等结构元素之间的关系，根据画面形式的美感和画面内容的表达来决定画面结构元素的取舍和画面经营，以更好地服务于画面造型和主题表达。

（1）主体

主体是画面表现的主要对象，是画面主题的重要体现者。可以是人物，也可以是一组被摄对象，或者是景物、建筑物等。对于航拍实践来说，多是大景别的画面，因此更需要通过画面经营来让主体成为画面构图的趣味中心和视觉焦点。一个好的主题，往往是通过主体来表达的。这需要航拍摄影摄像师处理好画面结构元素之间的张力，以突出主体，强化主题的表达，给观众鲜明深刻的审美感受。

主体

图5-4 留守老人（吴志斌摄）

图5-4这幅画面中，处于画面中心位置上的是一位老人，拄着棍，背着比她还高的草料，佝偻着身子，蹒跚在乡间土路上。前景是几处水洼，背景是玉米地。一顶草帽半遮颜，我们看不清楚老人的模样，但能从图片中看到当年这位农村留守老人日常生活场景的一个片段。

在我国工业化、城市化迅速发展的过程中，由于年轻人进城务工，在农村留守的老人便成为需要特别关爱的特殊群体，这些老人是乡村的留守者，更是乡村传统文化的守望者。这些年来，我国脱贫攻坚行动为留守老人筑牢"保障网"所作出的努力，体现了党和政府对留守老人的重视与关爱。

（2）陪体

陪体是画面中陪衬主体并与主体共同来表达主题的被摄对象。陪体是画面构图需要考虑的重要结构元素，发挥着陪衬烘托、补充说明、平衡画面等重要作用。但陪体在画面中并不是必不可少的，如果陪体不能通过衬托主体来完成主题表达，那么陪体也可以不纳入取景构图之中。

取景构图时是否将陪体纳入取景框，需要重点考虑的是陪体和主体之间是否存在张力，能否强化主题的表达。如果可以，就需要进行陪体的选择和布局，同时注意分清主体与陪体的主次关系，以免喧宾夺主。如果不能，则应该果断舍弃陪体，通过主体或者前景的引入、背景的选取来更好地完成表达。

比如在图5-5中的场景里，要表现的主体是被废弃的码头，这是传统工业时代的历史遗存景观，以此表现繁华的时代已经悄然落幕的主题。随着时代变迁，那个曾经忙碌的码头，如今已经退出历史舞台，因此这个早已被废弃的码头自然是画面的主体。如果仅以码头作为主体来构图，画面的左边会显得比较空，画面也不均衡，所以让后面驶过的现代巨轮作为陪体，通过主体与陪体之间的新旧对比、动静对比关系所形成的张力，可以更加强化画面主题的表达。另外，也可以选择飞翔的海鸟来作为陪体，也能通过主体与陪体的动静对比来强化这种时代繁华落幕之后的宁静与安然，只是在表现主题的力度上稍弱，但也不失为一种常规处理技巧。

图5-5　码头（吴志斌摄）

（3）前景

前景是在画面中位于主体前面，离镜头比较近的被摄对象。前景和陪体一样，不是必不可少的画面结构元素。引入前景，一般来说主要用来强化空间感，或者搭建框架性前景来美化画面。另一个需要重视的就是，引入前景不要仅停留在形式美化方面，还应该考虑前景与画面其他结构元素尤其是主体之间的张力关系，思考能否加强主题的表达。

以前面的图5-4为例，增加了前景地面上泥泞的水洼，虽然主体在画面中占据的面积变小了，但前景与主体之间的张力加强了主题的表达。引入地面泥泞的水洼作为前景，不仅丰富了画面构图的层次感，而且通过客观地展示农村留守老人的现实处境，间接反映了脱贫攻坚行动的艰辛与不易，将关爱农村留守老人这一主题表现得更有视觉感染力。

（4）背景

背景与前景相对应，是画面中主体后面的被摄对象，是主体所处的环境、场景和现场氛围。和前景类似，背景不仅可以增强画面的空间纵深感，也能够辅助主体更好地表达画面主题。还是以图5-4为例，主体后面长长的乡间小路与成片的玉米地作为背景，既增强了画面的空间纵深感，也强化了关爱农村留守老人的主题。

在画面构图中，通常会为了突出主体而简化甚至虚化背景。其实，主体与背景也是一种"图底"关系，如果主体与背景之间的张力有助于影像叙事或者主题表达，背景的处理方式也可以更加多元，纪实性的客观呈现也是可选项之一。

（5）留白

留白是一种特殊的结构元素，是指画面中没有实物对象的部分，如天空、水面、土地等。"画留三分空，生气随之发。"留白原本是中国传统山水画的一种处理技巧，表达虚实相生的意境美，后运用到影像中。

留白的处理，一是要注意留白比例。适当的留白，可以产生更多的想象空间。画面中的空白应该占据多大的面积和比例，要根据主题和内容的需要来作出相应的处理。图5-6中的天空留白部分，海鸟展翅高飞，就需要给海鸟预留出一定的空间。二是要注意画面均衡。留白容易让空白处显得空，而影响画面的均衡，所以需要嵌入一些元素来平衡画面，如传统山水画常用的题款和印章。图5-6中则是用海鸟和天空的霞光来打破空白，给画面营造出一种宁静的意境美。航拍俯瞰的视点及其运动与中国传统山水画的观看方式及其移步换景的画面展示都有相通之处。因此，航拍山川自然景观时可以借鉴留白手法，通过有意识地留白来营造一种中国传统美学意境，增强画面的表现力和感染力。

图5-6　码头（吴志斌摄）

综上，如何选择和处理主体、陪体、前景、背景以及留白等画面结构元素，可以概括为两个要点：一是形式方面，考虑是否能够让画面更加美化；二是内容方面，考虑结构元素之间是否存在张力，画面是否会"说话"。

5.1.4　镜头焦距

确定了画面的结构元素，就要选择合适的镜头进行拍摄。按照镜头焦距的长短，通常分为标准镜头、广角镜头和长焦镜头等。不同焦距的镜头，在视角、景深、透视、空间感和速度感方面具有不同的画面视觉效果。

（1）视角

用广角镜头拍摄画面，视角大，视野开阔，可以呈现大场景画面。而用长焦镜头拍摄的画面，视角小，视野狭窄，可以用来呈现望远的画面（图5-7）。由于长焦镜头容易抖动，因此在航拍中一般以广角镜头居多。随着无人机增稳技术的进步，长焦镜头在航拍中的应用也越来越多了。

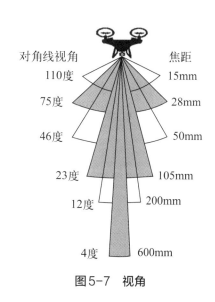

图5-7　视角

（2）景深

景深是指被摄主体前后的景物能够清晰成像的纵深距离范围。长焦镜头的景深范围小，只能清晰地呈现相对较小的纵深空间范围（图5-8）。广角镜头的景深范围大，能够清晰地展现纵深方向上多层次的景物（图5-9）。

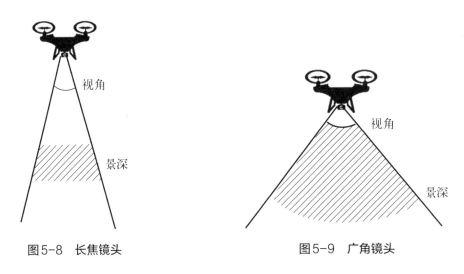

图5-8　长焦镜头　　　　　　　　　　　　　　图5-9　广角镜头

光圈、焦距和摄距是影响景深范围大小的三要素。具体来说，光圈越大，景深越浅；光圈越小，景深越深。镜头焦距越长，景深越浅，反之景深越深。摄距越近，景深越浅；摄距越远，景深越深。

（3）透视

透视是绘画中用来在二维平面上描绘物体的三维立体空间关系的方法或技术。在影像拍摄中，同样也需要运用透视来在二维的屏幕画面上进行三维空间的塑造。广角镜头强化了景物近大远小的透视效果，而长焦镜头则反之，画面纵深的透视效果弱。

在二维平面中呈现三维的纵深空间，需要去理解体现纵深感的透视关系。如果从正面拍摄一个建筑物，那么建筑物的顶端和底端、左边与右边的直线都是平行的，看起来就是一个正面的二维画面（图5-10）。但是换个角度来看，就会呈现出纵深方向上的透视感了。透视通常分为三种基本类型：单点透视、两点透视、三点透视。

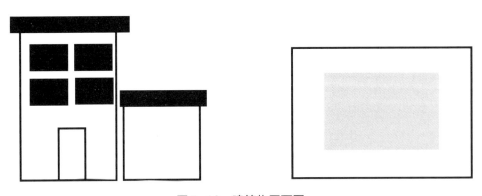

图5-10　建筑物平面图

单点透视：透视遵循近大远小的规律，近处的物体要比远处的物体偏大一些。单点透视是最简单的一种透视类型。如图5-11所示，平面的顶端与底端的延长线交叉或者会合于同一个点，这个点被称为灭点或消失点。消失点可以在画面中任一位置，但通常在视平线上，这样可以创造出一个纵向延伸的平面。

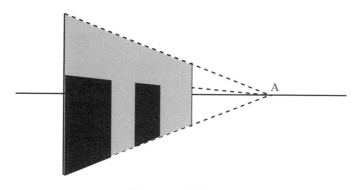

图5-11　单点透视

在现实生活中，站在马路中央、铁路中间的时候，路沿或铁轨看起来在远处交会在一点上，其实路沿或铁轨并没有真正交会，这不过是单点透视形成的视觉效果（图5-12）。

图5-12　单点透视效果

两点透视：在平面中有两个灭点的透视被称作"两点透视"。如果移动一下视角，可以看到在建筑物平面的顶端和底端的边线，会在左右两侧延长会合为两个灭点（图5-13）。

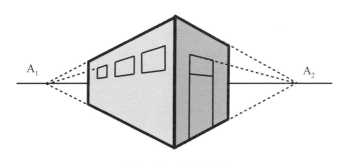

图5-13　两点透视

三点透视：三点透视相比于单点透视、两点透视略为复杂一点，图5-14上的线条交会于三个灭点。这幅图的视角也是无人机航拍建筑物的常见视角。

（4）空间感

不同焦距的镜头在空间感的塑造上有着明显的差异。广角镜头的空间感与纵深感更强，能够多层次表现被摄物体，增加画面的容量和信息量。而长焦镜头则会压缩现实空间的纵深方向，画面的空间感和

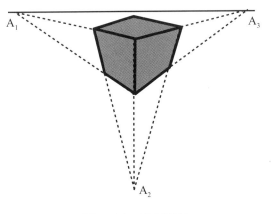

图5-14　三点透视

纵深感减弱，由此产生一种空间压缩的画面效果，即镜头纵深方向上景物与景物的物理距离被缩小，给人远近景物重叠在一起的视觉感受。

空间感的运用主要有两点：一是运用长焦镜头形成空间上的压缩感，来获得与肉眼所见不一样的视觉效果。现在已经有一些型号的航拍无人机如DJI Mavic 3系列，能够在一定焦段范围达到长焦镜头拍摄的画面效果。在城市航拍中多运用长焦镜头来展示城市建筑群，以描绘现代化都市场景。二是分别运用广角镜头和长焦镜头形成距离上的远近感，来表现主体之间的亲近感或疏离感。

（5）速度感

广角镜头由于视角大、透视感强、景深范围大以及空间感拉伸，所以当被摄对象纵向运动时，会产生一种速度错觉，运动主体的速度感表现得更加强烈（图5-15）。具体来说，长焦镜头由于压缩了纵向空间，所以在表现纵向运动的被摄对象时动感会减弱，运动主体会长时间在画面中只动不前（图5-16）。在这种拍摄实践中，需要注意运动主体跟焦，以免画面虚焦。

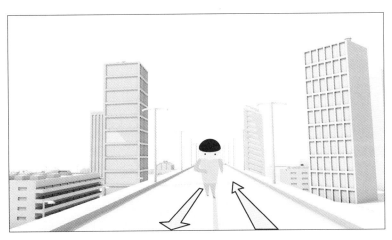

图5-15　纵向运动

图5-16　长焦镜头的纵向运动

当被摄对象以恒定速度朝向无人机镜头运动时，广角镜头会给人加速的视觉感受；反之，当被摄对象背向无人机镜头运动时，广角镜头会给人减速的视觉感受（图5-17）。徐克在导演武侠电影时，就偏向运用广角镜头的这种速度感来表现迅疾如风的武侠动作。

此外，当运动主体做横向运动时，长焦镜头因视角狭窄，运动主体能够在较短的时间内通过视角区域，从而加强运动主体的动感；而广角镜头由于视角比较开阔，横向运动的动感会相对较弱。比较来看，运动主体在这两种镜头中做横向运动的动感虽然有差异，但不是特别强烈。在具体实践中，一种方法是利用前景的运动作为遮挡镜头，方便后期剪辑。还有一种方法是通过同一镜头内部前景和后景中的运动主体同时做横向运动来获得不同的速度感，即前景中的运动主体速度感更快，而后景中的运动主体速度感相对较慢。

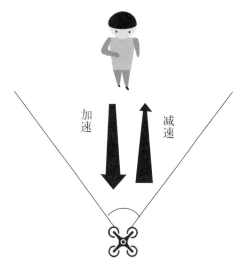

图5-17　广角镜头的纵向运动

5.1.5　拍摄角度

航拍在人们的印象中大多是从空中俯瞰世界，这里需要提醒的是航拍不只有俯瞰视角，航拍常用的拍摄角度有平视、俯视和仰视。在拍摄角度的选择上，航拍具有较大的灵活性和更多的可选性，这是由于航拍可以通过无人机的大范围运动以及调整空中各种飞行姿态，突破了地面拍摄的空间限制。

（1）平视拍摄

平视拍摄是指相机与被摄主体保持在同一

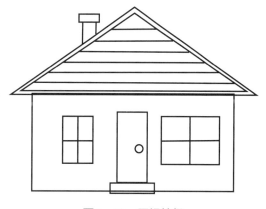

图5-18　平视拍摄

水平线的位置进行拍摄（图5-18）。平视是人们在日常生活中最常用的观察视角，以平视角度进行拍摄能够带来一种与被摄对象的平等感，同时也能体现日常视角下与被摄对象的互动性。从这个意义上来说，平视既是一种态度，也是一种力量。航拍无人机能够获得不同高度的平视角度，这使在拍摄高大主体时不再局限于仰拍，提供了一种平视拍摄的可能。

（2）俯视拍摄

俯视拍摄是指相机的拍摄位置高于被摄主体，形成一种从上而下的俯瞰角度（图5-19）。由于"鸟瞰视角"或者所谓"上帝视角"的先入为主，所以有了很多的俯瞰系列片，片中最多的也是俯视拍摄的画面。尤其是镜头90°垂直向下拍摄的正扣视角所带来的构成感和形式美，具有强烈的视觉冲击力，甚至成为一种视觉景观。在航拍中运用俯视拍摄需要注意两点：一是除了正扣俯拍以外，还有其他角度的俯拍可供选择；二是除了高空俯拍以外，还有其他高度的俯拍可以运用。

（3）仰视拍摄

仰视拍摄是指相机的拍摄位置低于被摄主体，形成从下往上的拍摄角度（图5-20）。采用仰视拍摄可以使被摄主体在画面中表现出宏伟高大的形象。无人机航拍中，通常较少使用仰视拍摄，一方面是因为只有部分机型具有仰角拍摄的功能；另一方面是如果使用无仰角拍摄功能的无人机，则需要掌握斜向上飞的飞行技术，而且容易碰上被摄主体，具有较大安全风险。仰视拍摄时需要注意的是，除了提到的安全风险外，还要注意别拍到螺旋桨和机臂，以免造成镜头穿帮。

图5-19　俯视拍摄

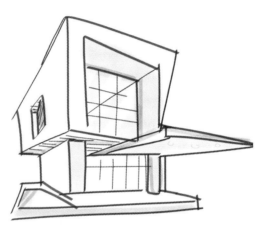

图5-20　仰视拍摄

航拍固定镜头

学习和掌握了航拍的取景构图知识和技能，接下来就要学习如何拍摄规范的航拍镜头。无人机具有天然的运动属性，所以长期以来，航拍运动镜头几乎是航拍镜头的主要表现形式。其实，航拍镜头也分为固定镜头和运动镜头。相比于运动镜头，航拍固定镜头有一个技术前提，就是基于增稳技术的无人机精准悬停，即"空中三脚架"的技术支撑才能完成固定镜头的航拍工作。随着增稳防抖技术和精准悬停技术的不断进步，目前一些航拍无人机已经能够比较好地实现固定镜头的拍摄工作了。因此，航拍固定镜头应该成为学习无人机航拍需要掌握的一项基本技能。

5.2.1 / 固定镜头

固定镜头是指摄影机或摄像机在机位不动、镜头光轴不变、镜头焦距固定的情况下拍摄的画面。航拍固定镜头是指在无人机悬停过程中拍摄的固定画面。机位不动，指的是无人机无移、跟、升、降等机位运动；光轴不变，则是指无人机无云台运动；焦距固定，即无人机无推拉等焦距变化。

固定镜头画框稳定，符合人们日常生活中驻足观看的视觉体验，其主要特征是画面框架的静态性。这种静态画框既能表现画面内主体的运动，又可以通过框架强化动感。比如，无人机航拍鸟类飞行的场景使用固定镜头拍摄的话，飞鸟在画面中的位移会更加明显（图5-21）。

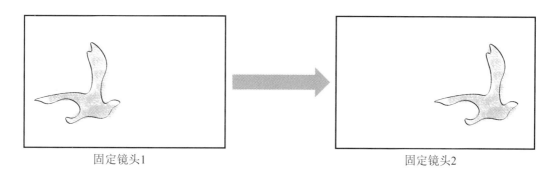

固定镜头1　　　　　　　　　　　　　　固定镜头2

图5-21　鸟类飞行固定镜头

需要注意的是，航拍固定镜头并不等于静态画面。固定镜头中可以是静态的画面，也可以是动态的画面。不过，航拍固定镜头也同样强调动态画面的拍摄，注重强化画面内部的运动。

（1）运动主体

航拍固定镜头最普遍的表现方式就是固定拍摄运动主体。航拍运动主体时通常重点表现主体的运动形态和运动轨迹等。航拍运动主体的固定镜头时，需要重点捕捉主体的运动形态，表现运动之美。纪录片《成长》（*Growth*）中大量俯拍人生中从儿时玩玻璃球、蹦床、骑自行车等游戏的场景，到青少年时期的学校学习场景和成人后的婚礼场景等固定镜头，就是通过主体的动作来表现人生成长的主题。

航拍运动主体的固定镜头时，还可以关注主体的运动轨迹，表现形式之美。比如在积雪或泥泞的地面上车辆留下的车辙，或者飞机拉线形成的线条与图形，还可以通过运动记录软件所记录的人物活动轨迹，来折射人物的活动特征、职业特点等。举例来说，在操场上跑步所形成的圆形，能够直接反映主体热爱运动的特征；在固定线路上行驶形成的线条，能够体现公交车司机的职业特点；等等。

（2）静态主体

航拍静态主体的固定镜头时，除非特殊表达需要，通常还是要嵌入一些动作。由于人眼对动态的东西更敏感，所以如果不是要把静止作为一种特殊形式的表达动作，一般来说还是需要有意识地设计一些动作。航拍静态主体时，会通过光影变化和焦点变化等来进行动作设计，以及通过静态主体与陪体、前景、背景等画面结构元素之间的动静对比来实现画面内运动的强化。

一是光影变化。在固定镜头中，光影运动也是非常普遍的一种画面内运动。自然光线千变万化，通过延时摄影等方式捕捉光影的变化，可以表现时间变化或时光流逝，增强画面的光影造型和视觉表现力。

二是焦点变化。在浅景深的画面中，通过调节焦点位置，即将焦点聚焦于不同的静态主体，或者通过控制焦点位移的方向，也就是将焦点朝特定的方向运动，可以在固定镜头中创造画面内运动。

还有一种处理技巧是利用动静对比来突出静态主体。主体虽然是静态的，但画面中其他结构元素，如陪体、前景或背景是运动的。通过这种画面结构元素之间的动静对比来突出静态主体，也是常用的航拍固定镜头拍摄技巧。

5.2.2 静态构图

在航拍摄影图片或者航拍固定镜头时，画面大多是封闭空间，人们的视线固定在画面边框范围内，主要是一种静态构图。在静态构图实践中，可以利用画面的水平线、垂直线、曲线等线条对画面空间进行分割布局，通过画面经营来美化画面，或者借助于画面结构元素之间的张力来进行画面表达。静态画面的构图方式比较多，下面将介绍几种最常用的方式。

（1）九宫格构图

九宫格构图是最常用、最基本的构图取景方法，也叫井字形构图，属于黄金分割式的一种构图技巧（图5-22）。九宫格构图是用横竖各两条直线将画面分为九个空间，形成一种九宫格的画面布局。被摄主体通常可以放置在九宫格四个交叉点中的任意一点，这四个点叫作"黄金分割点"，是画面中视线停留的重点。在无人机航拍中，应该预先设置好九宫格，可以把主体安排在交叉点上，也可以放置在三分线上，进行精准构图。但需要注意的是，要给运动主体的运动方向上预留空间，静态主体的脸部朝向或视线方向上也要预留空间，以及综合考虑画面均衡、画面结构元素之间的关系等因素，来更好地表达主题。

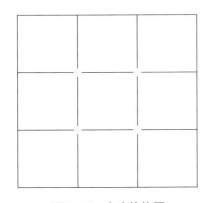

图5-22　九宫格构图

（2）二分法构图

二分法构图就是将画面等分为两部分，通过对称或对比的画面分割，营造出一种宽广辽阔、对称均衡或强烈对比的视觉感受，在风景拍摄中经常使用（图5-23）。航拍中经常将公路、桥梁、水平面等作为分割线，画面分成相同或不同色块的两个区域，如水天一色的"天空之镜"，或者"半江瑟瑟半江红"的色彩对比等。

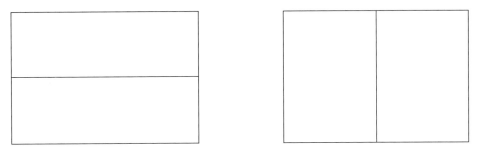

图5-23　二分法构图

（3）向心式构图

向心式构图是被摄主体位于画面的中心位置，而四周其他画面元素呈现出向中心集中的一种构图形式（图5-24）。在航拍中适用于建筑物、广场表演等的拍摄，如展现圆形建筑夜景下的浪漫，可以采用向心式构图，将人们的视线引向主体中心，如建筑的塔尖，从而起到聚焦观众注意力的作用。

（4）散点式构图

散点式构图是将被摄主体按照散点一样分布在画面中的一种构图方式。在航拍中要善于发现被摄主体的构成形态，形成画面的节奏感和韵律美。如航拍荷塘的荷叶，大小不一的荷叶散点分布在荷塘中，给人一种恬静美好的视觉感受（图5-25）。

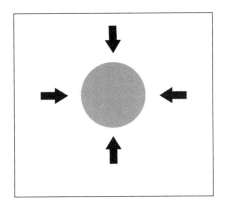

图5-24　向心式构图

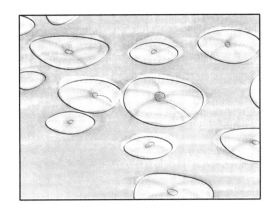

图5-25　散点式构图

（5）S形构图

S形构图是指被摄主体以S形曲线的形状，从前景向中景和后景延伸，画面呈现出纵深的空间感。河流、道路、梯田等都是航拍S形构图的良好素材（图5-26）。如航拍蜿蜒曲折的河流，体现出一种动态、柔和的美；航拍层叠错落的梯田，在展现人间奇迹的农耕文明的同时，也能让观众感受那种绵延不绝的生命律动。

（6）引导线构图

引导线构图是利用画面中的线条引导作用，将人们的视线和注意力导向并聚焦在画面的主体上，从而突出主体，起到串联主体与背景元素的作用。铁轨、斑马线、栏杆、电线杆等都可以成为天然的引导线，无人机航拍中要善于去发现日常生活中的引导线，将观众的视线汇聚在被摄主体上（图5-27）。

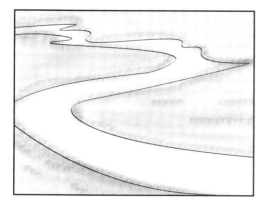 

图5-26　S形构图　　　　　　　　　图5-27　引导线构图

5.2.3　航拍好固定镜头的方法

固定镜头的画框是始终不动的，意味着观看画面的视角是不变的。这种相对稳定的视点符合人们对被摄对象"端详"的视觉习惯，便于更清楚地观看被摄对象。

与传统的地面固定拍摄不同，无人机要航拍好一个固定镜头，首先需要"空中三脚架"的技术支撑。随着精准悬停和增稳技术的发展，能够在一定程度上应对非极端天气等因素导致无人机不能精准悬停和稳定的情况，为航拍固定镜头提供了可能性。

其次，在技术提供了航拍固定镜头可能的前提下，航拍好一个固定镜头还需要加强取景构图的基本功训练。根据表达需要，确定无人机的机位和角度，提前对被摄主体的运动方向、运动速度以及运动轨迹进行充分的构思，从而确定画面的景别和构图形式。

再次，航拍一个好的固定镜头并不意味着航拍就此成功，而是需要思考如何拍摄下一个固定镜头或者运动镜头，以完成成组航拍镜头的拍摄，为后期剪辑提供蒙太奇句子所需要的成组镜头。

最后，如果无人机在空中不是很稳的话，还有一个处理技巧，就是以极慢的、观众难以觉察到的运动速度来拍摄。当然，这需要非常精细的打杆微操作来实现。如果还是无法做到的话，那就要考虑采取航拍运动镜头来表达。

5.3 / 航拍运动镜头

影视艺术是运动的艺术。航拍无人机作为一种"会飞的相机"，运动镜头自然成为无人机航拍的主要形式，尤其是从视距内到超视距的大范围运动和从高空到超低空的自由运动等特点，为运动拍摄创造了更多的表现可能。但是，航拍运动镜头并不仅仅是无人机飞行技术加持的酷炫飞行展示，而是从生活逻辑或者蒙太奇逻辑出发，遵循影视运动镜头一般规律的运动镜头拍摄。简单来说，就是不要为了运动而运动，否则航拍就很可能成为一种奇观化的炫技。在一个场景的拍摄中，选择哪一种运镜方式？为什么运动？怎样运动？何时运动？这些都影响着航拍画面的主体呈现和主题表达，所以航拍运动镜头最重要的是准确表达，而不是飞行炫技。目前的航拍教学大多从飞行操控的角度来讲解航拍运动镜头，比如前进与后退镜头、飞跃镜头、"刷锅"镜头等。本节内容将回到影视语言本身，重点分析无人机如何实现影视拍摄中的六种基本运动：推、拉、摇、移、跟和升降。

5.3.1 / 推镜头

航拍中的推镜头是指通过无人机逐渐飞近被摄主体，或者通过变焦推进（zoom in）的方法，不断靠近被摄主体的一种常见镜头。推镜头会引导观众的视线，聚焦到被摄主体或者其某个局部，进而突出表现主体或主体细节（图5-28）。

推镜头

图5-28　推镜头示意图

在航拍实践中，首先要明确为什么要推镜头。是让无人机靠近一些来看清楚被摄对象，还是用长焦拉近一些来看清楚被摄对象？其实画面效果并不一样，观众的观看体验也不一样。需要指出的是，由于目前无人机稳定技术尚难以很好地支持镜头变焦来获得推镜头，所以一般是通过无人机飞近的方式来获得推镜头。另外，运用推镜头是为了看清楚，还是为了突出重点，抑或是为了强化情绪，应该根据画面的表达需要来确定。

其次，要选定推镜头的推进方式。无人机的飞行特性使得航拍中的推镜头相对比较自由，可以大致分为水平推进、垂直推进、斜角推进。水平推进是指无人机在水平方向上靠近被摄主体；垂直推进是指无人机在被摄主体上方，垂直方向上向其推进；斜角推进是指无人机在相对被摄主体的倾斜方向上靠近被摄主体。

再次，要明确推镜头的起幅和落幅。一个完整的航拍推镜头同样应该包括起幅、运动、落幅部分，起幅画面的景别和落幅画面的景别应该提前设计好。尤其是在落幅的时候，避免推过头了而再拉回来的情况发生。

最后，要明确镜头运动的速度。以什么样的速度运镜跟影片的节奏、情感表达有关，需要根据导演阐述事先了解影片的节奏来确定推镜头的速度。

航拍推镜头的应用场景：一是突出拍摄主体，强调拍摄对象。推镜头具有引导观众注意力的作用，而且落幅画面通常会落在被摄主体身上，是一种常用的突出主体的运镜方式。二是展示细节，突出重要情节因素。推镜头的过程中主体细节被不断强化，传递的信息也随之不断增强。通过这种运镜来引导观众从关注整体到聚焦细节，从而通过细节刻画来强化表达。三是介绍环境与拍摄对象的关系。随着镜头向前推进，环境空间逐步出画，拍摄对象逐渐成为画面中的主体。这种运镜既能展示环境，又能表现特定环境中的主体。

《航拍中国》第三季第八集在表现湖南湘西土家族苗族自治州的古丈红石林时，就使用了一个推镜头的运镜方式。无人机先是从高空拍摄大远景，起幅画面是被摄主体红石林掩映在群山环绕之中，万绿丛中一点红。随着无人机推进，红石林在画面中占比越来越大，成为画面的视觉重点，接下来便自然而然地开始对红石林这一海底宝藏迷宫展开讲述（图5-29、图5-30）。

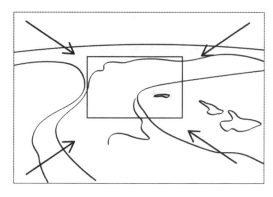

图5-29　推镜头的起幅画面

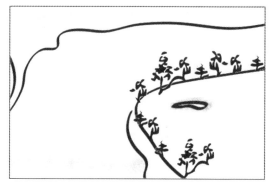

图5-30　推镜头的落幅画面

5.3.2 拉镜头

拉镜头是推镜头的反向操作，航拍中的拉镜头是指通过无人机逐渐远离被摄主体，或者通过变焦拉远（zoom out）的方式，获得逐步远离被摄主体的一种运动镜头（图5-31）。

图5-31 拉镜头示意图

与推镜头一样，拉镜头在拍摄时也是首先要明确运用拉镜头的理由。航拍中的拉镜头一般也是通过无人机向后飞行，在视点后移的同时空间逐渐展开，其他画面结构元素随着景别的变化逐渐进入画面，从而交代主体所在的场景以及主体与其他画面结构元素之间的关系。然后，同样要明确起幅和落幅以及运动速度。还有拉镜头的运动过程要匀、过渡要丝滑。

航拍拉镜头的应用场景：一是交代主体所处的环境，展示主体与环境的关系。拉镜头的起幅画面中通常只有被摄主体，随着镜头逐渐拉开，被摄主体所处的环境或情境才逐渐展现在观众的眼前。这种主体与环境之间的关系，会给观众带来一种视觉期待感。二是画面信息更加丰富，画面结构元素之间的张力不断凸显。随着镜头拉远，进入画框中的元素越来越多，新的视觉元素与原有的画面主体会不断构成新的组合，带来画面结构元素之间的张力变化，从而不断传递新的视觉信息。观众也会随着拉镜头的运动，去体会画面结构元素变化所带来的新意义和新叙事。三是进行自然转场或结尾，引发遐想。拉镜头带来的远离感与消逝感，常用来进行转场或结束影像。从特写拉到全景再到大远景的拉镜头，所呈现的画面空间不断延伸，主体的远离与缩小在视觉语言上传达出一种结束与退出的意味，可以自然地转场或谢幕。

在大疆天空之城航拍大赛中有一部航拍作品《周末自驾游》（*Weekend Road Trip*），作者多罗米蒂（Dolomites）就通过拉镜头来表达爱情。首先以全景拍摄了一对情侣坐在山头对视，随后镜头拉开，主体在徐徐铺开的山景中逐渐远去（图5-32、图5-33）。

图5-32 拉镜头的起幅画面　　　　　图5-33 拉镜头的落幅画面

5.3.3 摇镜头

摇镜头是模仿人驻足不动、只通过转动头部来进行"左顾右盼"或"上下打量"观察的画面。在传统地面拍摄中，摇镜头通常指摄影机或摄像机机位不动，借助三脚架上的云台，或者以拍摄者自身做支点，转动镜头拍摄方向的一种运镜方式。在无人机航拍中，由于无人机自身的运动属性，摇镜头的操作方法发生了一些变化。航拍中的摇镜头指的是无人机位置不变，通过无人机机身转动或云台做水平运动或俯仰运动来获得的运动画面（图5-34）。其中，横摇和纵摇是无人机航拍中常用的两种摇镜头手法。

图5-34 定点摇镜头示意图

横摇（pan）是航拍摇镜头中的主要手法，指的是在无人机悬停的情况下，不改变云台的俯仰，操纵机身或云台进行水平方向上的旋转，用于展示场景、由一个主体过渡到另一个主体或者表现运动中的主体。

纵摇（tilt）也是航拍摇镜头中的一种手法，指的是在无人机悬停的情况下，通过改变云台的俯仰，实现纵向上的俯仰运动，常用于展示高大的主体或者表现纵向运动中的主体。

无论是横摇还是纵摇，先要明确为何采用摇镜头拍摄，理由要成立，能够更好地服务于影片的叙事或情感表达。要有起幅和落幅，中间摇的过程要匀。无人机的摇镜头容易受到精准悬停和稳定性等问题的影响，所以目前摇镜头在航拍中相对少见，往往会结合其他运动镜头来获得一些独特的画面效果，如"机头朝外绕飞+摇镜头"的环视镜头、"机头朝内绕飞+摇镜头"的"刷锅"镜头等。

航拍摇镜头的应用场景：一是展示开阔的环境场景，展现主体环境关系。全景摇镜头常用于展示广袤环境的地形地貌，带来更为开阔的视觉体验，同时也可以展现被摄主体和环境的关系。这种展示空间的镜头通常是用平稳的摇摄来完成的。二是赋予画面主观镜头感，传递舒缓或紧张的情绪。定点摇镜头可以模仿被摄主体的主观视线，摇镜头的速度、方向会对情绪的传递产生很大的影响。速度快会产生紧张的视觉效果，速度慢则会感受到一种舒缓的氛围。因此，摇镜头常见于一些主观镜头的场景，用来表现主体的情绪张力。三是摇镜头自然转场，实现场景的转换。摇镜头在运动中可以引导观众视线变换，实现空间的转换，自然而然地过渡到下一个场景中。在表现群山、草原、沙漠、海洋等宽广深远的场景时有其独特的表现力。

比如，在纪录片《飞跃山西》中有一个摇镜头，画面起幅是一片绵延的山脉，阳光映照在山体上格外分明，衬得大山也分外沉静。随着镜头向右摇动，画面中不断出现逆光直射带来的闪动光斑。落幅画面开阔辽远，山脉挺拔。这个摇镜头的画面意象正好呼应了解说词"又是这片土地挺起了民族的脊梁，护佑了文明的火种"（图5-35、图5-36）。

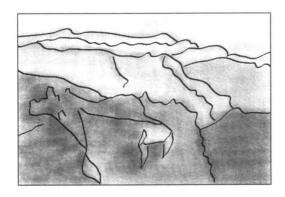

图5-35　摇镜头的起幅画面

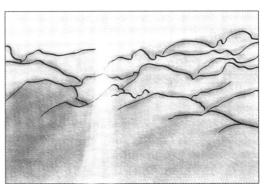

图5-36　摇镜头的落幅画面

5.3.4 ／ 移镜头

航拍移镜头是指无人机在运动过程中进行拍摄，是一种模拟人类处于非静止状态下观看事物或者视线移动，即"移步换景"的拍摄手法（图5-37）。

图5-37　移镜头示意图

在移镜头的画面呈现上，镜头向一定的方向移动，画面内容也不断发生变化，一些新的元素不断进入画面，同时也有元素不断"出画"。移步换景、别有洞天是中国传统绘画如《清明上河图》和中国古典园林如拙政园等的典型艺术特征。无人机航拍特别适合这种大范围运动的"移步换景"式的移镜头拍摄方式，能够创造一种主观镜头的视觉效果，给观众一种强烈的代入感。

航拍移镜头的应用场景：一是突破画面边框的限制，拓展画面的空间范围。横向移动镜头突破了画面框架两边的限制，拓展了画面的横向空间；纵向移动镜头拓展了画面的纵向空间，向画面深处的移动则延伸了画面的深度空间，展示了一个除了长和宽之外的纵深变化的立体空间，让观众的视野获得更大空间范围的画面。二是表现一个场景中的变化，变换画面的表现对象。移镜头摆脱了机位固定的拍摄方式，可以通过移动机位对一个场景内不同的表现对象进行表现。比如航拍森林公路的移动镜头，画面是一片广袤的森林，一条绵延的公路横贯其中，镜头逐渐向右移动时，画面出现了新的主体，一辆沿着公路前进的汽车进入画面（图5-38）。三是表现多个场景中的变化，变换画面的表现对象。这需要无人机大范围地运动，在不同的场景中穿梭飞越，通过"移步换景"实现"别有洞天"的视觉传达。

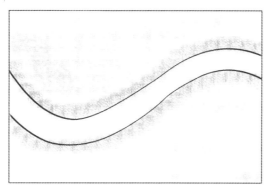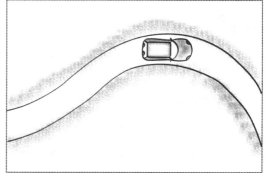

图5-38　森林公路移镜头画面

> 【航拍移镜头的注意事项】

移镜头要确保画面内容有变化，可以是场景变化、主体变化等。换言之，不断引入新的场景、新的主体或者新的事件等。

移镜头速度是快还是慢，一般取决于画面中可看信息的多寡，多则慢，少则快，当然还要跟片子的节奏相吻合。运动方向如何变化，主要根据画面内容所在位置来决定，可以横向平移拍摄长卷画面，也可以纵向移动拍摄轴线上的景物变化，还可以转换为别的移动方向进行拍摄。

无人机航拍虽然具有大范围拍摄移镜头的能力，但是很可能拍成一个长镜头，如果信息密度不够，画面很容易变得枯燥或者陷入纯粹的飞行技术炫酷中。所以要根据内容信息将移镜头控制在适当的范围内，或者采取分镜头的方式进行成组镜头的拍摄。

5.3.5 跟镜头

航拍中的跟镜头是指无人机始终跟随运动主体的拍摄方式。跟镜头画面中有明确的主体，核心在于"跟"住被摄主体，即要求主体在画面中的大小和位置相对稳定。通常来说，跟镜头分为三种：前跟、侧跟与背跟。

（1）前跟

前跟是无人机处于被摄主体的面前，随着被摄主体的前进而后退，营造被摄主体面向镜头运动的画面效果。

（2）侧跟

侧跟时，无人机在被摄主体的左侧或右侧，隔着一定的距离跟拍运动主体。侧跟要求无人机与被摄主体的运动速度相当，以确保被摄主体在画面中的位置和大小相对稳定，同时也避免被摄主体出画。这种拍摄方法多用于跟拍一些沿固定路线运动的主体，如道路上的车辆、跑道上的运动员等。

（3）背跟

背跟是指无人机在被摄主体的背面，与之进行同向运动（图5-39）。这种拍摄手法常用来跟随拍摄被摄主体活动的画面。

图5-39　背跟镜头示意图

此外，跟镜头还有摇跟和移跟等拍摄方式。摇跟是指无人机机位不变的情况下，通过控制机身或云台来跟住被摄主体的拍摄方式。移跟则是指无人机始终跟随被摄主体运动，这个过程中除了要注意移镜头"移步换景"的特点，还要强调跟拍所产生的期待感，跟进事件的发展过程及结果等内容。

航拍跟镜头的应用场景：一是跟拍可以连续展示被摄主体。跟镜头让被摄主体始终保持在一个相对稳定的位置和景别，连续表现运动中的被摄主体，交代主体的动向及其与环境的关系，使观众的视线始终放在主体上，从而跟进事件的发展。比如，大疆天空之城六周年航拍大赛三等奖的《南京图鉴》中，作者李子韬在片子开头从南京长江大桥的斜侧和正侧跟随火车跨过长江，将南京长江大桥的场景连贯地展现出来，观众可以跟随火车的运动欣赏到雄伟的大桥与浩荡的长江浑然一体的壮丽场景，产生一种巡视的视觉审美。二是近距离的跟拍可以为观众带来一种现场感。这种跟镜头能带领观众跟随被摄主体去揭示事件的发展进程，增强观众的现场感和参与感，更容易代入所拍摄的情境中（图5-40）。三是远距离的跟拍可以为观众带来一种窥视或监控的视觉效果。这种跟镜头虽然也是带领观众跟随被摄主体去揭示事件的发展进程，但远距离跟拍所产生的视觉效果却有所差异，主要表现为一种窥视或监控被摄主体行为的画面表达效果。

图5-40　跑步跟镜头示意图

> ▶【航拍跟镜头的注意事项】

　　跟上被摄主体运动是跟镜头的基本要求。要确保镜头能跟上，需要注意两点：一是速度，先比较一下无人机和运动主体的速度，看无人机是否能跟得上。二是景别，景别通常要大一点，否则运动主体很容易出画。如果需要强化速度感，可以利用前景和后景在镜头中的速度差异，通过引入前景来增强运动的动感或节奏感。

　　跟镜头时，主体运动方向上应预留一定的空间，并且注意构图的均衡。需要提醒的是，由于视野的限制，前跟和侧跟时要特别留意飞行路线上是否有障碍物。

　　跟拍复杂运动或不确定运动路径的被摄主体时，需要飞手和云台手密切配合，综合运用各种跟拍方式来完成跟镜头的拍摄。

5.3.6　　升降镜头

　　航拍中的升降镜头是通过无人机上升或下降来进行升降镜头的拍摄，类似于乘坐观光电梯的观看体验（图5-41）。一般的升降镜头拍摄往往需要借助升降装置才能完成，而无人机可以轻松地完成大范围升降镜头的拍摄，可以说是无人机航拍的强项之一。

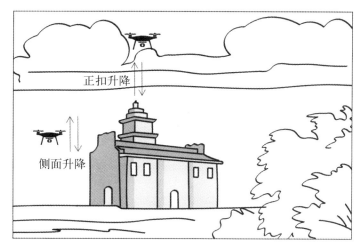

图5-41　升降镜头示意图

在升降镜头里，无人机的升降运动会引导观众的视线进行上移或下移，有很强的代入感。当无人机机位升高时，会产生登高远眺或空中俯瞰的观看体验，能够获得大场景的视野；而当无人机机位降低之后，镜头画面所展示的视域也会随之逐渐缩小到具体场景或被摄主体。因此，下降镜头常用来进入一个新的场景，而上升镜头则用作一个场景的结束。

升降镜头的运动速度会带来强烈的视觉冲击力，尤其是当画面中有重复结构时，会产生极富节奏的视觉效果。升降镜头也要注意起幅镜头和落幅镜头的拍摄，以及运动过程中的稳、平、准、匀。此外，通过视角的变换，还可以获得更加丰富多样的视觉体验。

航拍升降镜头的应用场景：一是展现被摄主体的高大形象。航拍升降镜头可以垂直展现高大的被摄主体，在一个镜头中通过固定的焦距和景别对其局部进行逐渐呈现，从而刻画被摄主体的高大形象。二是表现画面空间的点、线、面关系。镜头在上升的过程中，视点随之升高，视野也不断扩大，可以表现出整个画面空间的点、线、面关系，反之亦然。比如，航拍群山的上升镜头，起幅画面定格在山腰间，层层叠叠的山石覆盖着绵绵的绿草。随着镜头的渐渐上升，山体的线条也逐渐收窄。当画面最终落幅在山巅，天地之间豁然开朗，红日高悬，云雾缭绕（图5-42）。三是展现事件或场面的规模与气势。升降

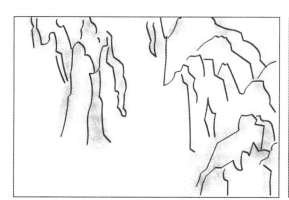

图5-42　群山的升降镜头

镜头能够强化画内空间的视觉深度，并带来高度上形成的气势感。在一些大场面中，控制得当的升降镜头能够非常传神地表现出现场的宏大气势，展现事件或场面的气势、氛围与节奏变化。如2015年纽约航拍电影节最佳影片《超酷的无人机航拍》（*Cine Drones Are Awesome*）中，镜头跟随滑雪者从山顶上一跃而下，快速变换的环境画面让观看者不由自主地沉浸到无人机所构建的拍摄视角当中。伴随着滑雪者向山下运动，观看者也随同滑雪者急速下降的镜头感受"俯冲"的强烈动感。

> 【航拍升降镜头的注意事项】

重视勘景，确定上升镜头在越过前景遮挡之后所要展示的场景或景物。如果使用长焦拍摄，后景中的景物如建筑会产生类似竹笋"生长"出来的视觉效果。

寻找具有重复结构的主体如建筑，俯冲下降的镜头会产生极具视觉冲击力的节奏感。

复杂场景的升降镜头拍摄，要提前勘察飞行路线，以防碰到电线等障碍物。

5.3.7　航拍好运动镜头的方法

运动镜头是影片中的主要组成单元。因此，航拍好每一个运动镜头是无人机航拍的基本技能。无人机航拍实践中，除非有特殊的表达要求，要拍好运动镜头，首先要掌握的是四字口诀：稳、平、准、匀。

稳：拍摄过程中要保持画面稳定，不抖动。

平：拍摄过程中要保持画面水平，不倾斜。

准：拍摄中要注意曝光准确、焦点准确和构图准确。

匀：运动速度要匀，而且在动静转换过程中要过渡丝滑，不要犹豫迟疑、时快时慢。

除了要做到稳、平、准、匀以外，还需要正确理解和认识一些运动镜头拍摄中的常见问题。下面将就此进行逐一分析。

（1）你航拍的镜头有起幅和落幅吗？

一个完整的运动镜头包含起幅、运动、落幅三个部分（图5-43）。很多飞手在航拍时大多注重飞行的技巧，重视运动阶段的运动拍摄，而忽略起幅和落幅的固定拍摄。起幅是一个镜头开始时的固定画面，而落幅则是镜头运动结束后的固定画面。起幅与落幅是一个运动镜头的开始与结束，在推、拉、摇、移、跟、升降这六种基本运动中，都应该注意起幅与落幅的固定画面拍摄。

起幅	运动	落幅

图5-43　起幅与落幅示意图

起幅和落幅

　　运动镜头要有起幅和落幅，既是镜头语言的要求，也是后期剪辑的需要。比如说一镜多用的素材选用，一个运动镜头在后期可以分拆为起幅、运动和落幅三个镜头来用。还有就是剪辑点的运用，有了起幅和落幅，就可以很好地完成静接静、动接动或者静接动等剪辑。

　　起幅和落幅通常要求3秒或5秒以上，还有一个后期剪辑的技术原因，早期线性编辑机在剪辑时有一个预卷时间的技术要求，这个预卷时间通常设置为3秒或5秒，少于这个预卷时间的画面会剪辑不上。

　　在具体运镜实践中，要注意两点：一是要拍好起幅和落幅的固定画面；二是要注意从起幅到运动以及从运动到落幅之间的转换要丝滑。

（2）无人机前进与后退就是推拉镜头吗？

　　无人机航拍实践中，飞手经常会通过前进与后退的飞行动作来进行航拍，这种由飞行动作获得的镜头通常被称作前进镜头或后退镜头。但需要注意的是，这不一定是推拉镜头。从飞手到航拍摄影摄像师的成长过程中，需要注重夯实影视专业基础，避免似是而非的理解。

　　推拉镜头必须要有明确的主体，而且被摄主体也要有相应的景别变化。如果画面中没有被摄主体，即使无人机有前进与后退运动，那也只是空镜头，而不是推拉镜头。所以，在航拍推拉镜头时，需要先确定被摄主体，再通过无人机的前进与后退或者变焦来实现主体景别的变化。

（3）航拍中的摇镜头为什么少见？

　　航拍中的摇镜头比较少见的原因，一方面是无人机在稳定技术上的局限，另一方面也有航拍摄影摄像师意识上的不足。

　　其一，稳定性问题。传统地面拍摄中的摇镜头，由于有三脚架或摄影师人体的支撑，以及稳定器的加持，摇镜头非常普遍。但是，航拍中的摇镜头要求无人机的位置不变，就需要精准悬停和稳定技术的支撑，这就涉及航拍的稳定性问题。影响无人机精准悬停和稳定的因素有很多，比如天气、无人机的定位和稳定技术、航拍摄影摄像师的操控技术等。在摇镜头的航拍过程中，无人机的云台俯仰也有可能导致机身发生抖动，这种抖动在无人机运动过程中会因为画面本身的运动而不明显。但在定点悬停拍摄的画面中，稍有一点轻微的抖动都会看起来特别明显。此外，无人机在飞行或悬停过程中的高频振动，还会导致"果冻效应"的出现。

其二，意识问题。无人机天然的飞行特质使得飞手在航拍时经常会下意识地使用大范围运动的拍摄方式，而不会想到传统的定点摇镜头。因此，作为一位航拍摄影摄像师有必要加强影视语言方面的基础训练，根据表达需要来选择是定点摇镜头还是大范围运动的运镜方式。虽然定点摇镜头能够拍摄到的画面范围相对有限，但并不意味着它的表达就弱。当然，如果有需要，也可以运用无人机突破机位限制的大范围运动的拍摄方式来完成相应的表达。打个比方来说，定点摇镜头类似于停在枝头的小鸟视野，而大范围运动镜头则类似于在空中滑翔的小鸟视野。

果冻效应

"果冻效应"的英文为"Rolling Shutter Effect"，直译是"卷帘快门效应"。"果冻效应"跟果冻本身并没有直接关系，只是由于画面出现倾斜、摇摆、失真等视觉效果有点像果冻而已。事实上，"果冻效应"并不是无人机航拍独有的，只要使用卷帘快门的相机，都可能会有果冻效应的困扰。其产生的原理并不复杂，卷帘快门方式的相机是通过逐行扫描来处理图像数据的，如果速度不够快，就会导致画面中各个部分的数据处理进度不一，呈现出来的画面出现倾斜、摇摆不定或部分曝光等所谓的"果冻效应"。为避免"果冻效应"的产生，一是选用全域快门（Global Shutter），全域快门能够同一时间处理快门拍摄的所有图像数据，所以不会出现数据处理有先后的情况，也就不会出现"果冻效应"。但是，由于这种相机的数据处理量太大，成本很高，所以目前应用较少。二是减小振动，首先要减小无人机自身的振动，提升相机与云台的减震性能；然后就是减少拍摄高速运动物体，当被摄物体相对于相机高速运动时，这种卷帘快门方式也可能会出现"果冻效应"。

（4）航拍移镜头与跟镜头是否一样？

虽然移镜头和跟镜头都可以在运动中凸显被摄主体，但是航拍中的移镜头和跟镜头还是有很大区别的。移镜头强调通过机位移动来实现镜头运动，主体可能发生改变，从一个对象变成另一个对象，即所谓的"移步换景"。而跟镜头则是强调对主体的跟随拍摄，一般都是同一个确定的主体，而且跟镜头的机位可能动，也可能不动，比如摇跟时机位就可以是不动的。当然，在跟移镜头中是一致的，即在移镜头的同时跟镜头，既强调机位的移动，也强调主体的跟拍。

> 【航拍运动镜头的实用技巧】

一定要拍摄起幅和落幅。建议先确定落幅的景别，再确定起幅的景别。尤其是对于新手来说，这样不容易发生落幅画面不准的情况。此外，为给后期剪辑留有更多选择，建议起幅和落幅一般不少于5秒。

运动镜头的运动阶段，运动速度要根据画面信息和表达需要来确定，运动过程要稳、平、准、匀。通常情况下，无人机飞行控制或者云台操作不能忽快忽慢，这个过程要匀且丝滑。

正式拍摄前，如果条件允许，建议进行试操作。观察好落幅和起幅画面的构图是否准确，以及把握好打杆或云台操作的手感是否到位。

 5.4 / 航拍综合运动镜头

综合运动镜头

综合运动镜头是指在一个镜头内部通过场面调度，包括相机的调度和被摄对象的调度，综合运用多种运动方式对画面内的对象、场景、事件等进行多视角、多景别的连续拍摄所获得的镜头。

从镜头语言来看，综合运动镜头通常会将推、拉、摇、移、跟、升降等两种及以上的运动方式结合起来，表现不同的画面内容，展现镜头内部蒙太奇的运动画面效果。而从操控方式来看，无人机则是通过六个方向运动（上、下、左、右、前、后）、两种旋转（机身或云台的左右旋转、镜头角度旋转）以及镜头的俯仰角度变化这三种方式组合出各种各样的飞行动作。从飞手成长为航拍摄影摄像师的角度来说，确立运用镜头语言来指导航拍运镜的意识，是非常重要的。因此，航拍中的综合运动镜头如何转化为无人机的飞行打杆动作，应该成为无人机航拍学习阶段的一项重要内容。

由此，航拍综合运动镜头大致可以分为三大类：一是先后方式，如先推后摇镜头；二是同步方式，如边移边摇、边拉边摇等；三是混合方式，如先推后边移边摇、先跟后边升边摇等。

5.4.1 / 先后方式

航拍中最简单的综合运动镜头是推、拉、摇、移、跟、升降等基本运镜方式中的两种或两种以上镜头，按照先后顺序连续拍摄完成的运动镜头。这种先后运镜方式经常运用于航拍实践中，操作也比较简单，一般是两种及以上基本运镜方式的连续操作。后期剪辑中，可能会用作一个综合运动镜头，也有更大的可能是分剪成两个及以上独立的基本运动镜头。下面以先推后摇镜头为例加以说明。

先推后摇镜头指的是通过先推镜头再摇镜头连续拍摄组合而成的一种综合运动镜头。在具体操作上，推摇镜头一般是先从宏大的起幅画面开始，不断向主体推进至落幅画面，随之根据主体的运动方向继续摇镜头，完成一个完整的综合运动镜头。

航拍纪录片《人类》在表现人类在稻田中的劳作时，先从高空大视野的画面开始，以斜向推镜头的方式，展现正在耕作的主体和用力前行的耕牛，落幅到主体身上之后，有一个比较明显的左摇镜头（图5-44）。不过，片中没有完整地使用这个综合运动镜头，而是切到下一个镜头去了。这个综合运动镜头为了表现人类耕耘的辛苦劳作，先用一个推镜头来表现整体的劳作场景，再通过摇镜头去刻画劳作细节。从前期拍摄来说，这种操作是比较常见的，一次性连续拍摄完整的综合运动镜头，可以提高拍摄效率，以给后期剪辑留有镜头选择的余地。当然，在航拍实践中也可以分别拍摄两个或以上独立的基本运动镜头。

图5-44　纪录片《人类》先后方式镜头示意图

5.4.2　同步方式

同步方式的综合运动镜头是指推、拉、摇、移、跟、升降等基本运镜方式中的两种或两种以上镜头，通过同步操作的方式连续拍摄完成的运动镜头。这是综合运动镜头拍摄实践中最常用的运镜方式，对操作要求比较高，必须有扎实的基本功训练。后期剪辑中，通常只用作一个镜头。下面以边移边摇和边拉边摇进行举例说明。

（1）边移边摇

飞手经常飞的"刷锅"和"环视"镜头，就是典型的边移边摇运镜方式，飞手一般也都很熟悉其打杆方式。但是需要指出的是，在航拍实践中，航拍摄影摄像师通常只会航拍一段弧线的镜头，很少会飞一个完整的圆，因此也称其为弧圈镜头（Arc Movement）。"刷锅"作为基本功训练来说是很有必要的，但是对于航拍来说，就需要进一步理解这种运镜的画面表达。比如，一段"刷锅"镜头通常会用来进行相似场景的转场，或者同一场景的时间更替等。运用航线记录和移动延时摄影等功能来完成四季更迭、日转夜等视觉效果。类似的还有"螺旋上升"或"螺旋下降"镜头，是边移边摇再加上升或下降的镜头。这些镜头的拍摄操作，需要一定的基本功训练。当然，现在也有相应的一键拍摄功能可供选用。但是，不要作为一种飞行炫技，而要不止于飞行，真正让运镜方式成为最好的镜头语言表达。

（2）边拉边摇

边拉边摇镜头是指在拉镜头交代主体所在环境的同时，运用摇镜头来强化环境信息，或者连接同一场景中的多个主体，以及借助镜头运动做转场衔接等。

比如，航拍纪录片《人类》在表现人类与环境的关系时，镜头通过变焦的方式边从山间的主体拉出，边用摇镜头表现由快到慢运动的山间背景，直到主体逐渐消隐在大山之中（图5-45）。这种边拉边摇的运镜方式，很好地展现了人类在大自然中的渺小，突出纪录片《人类》所要表达的主题。正是因为有这种表达的需要，采取边拉边摇的综合运镜方式来更好地完成画面表达。当然，这个变焦过程中同步完成拉摇的操作有一定的技术难度。

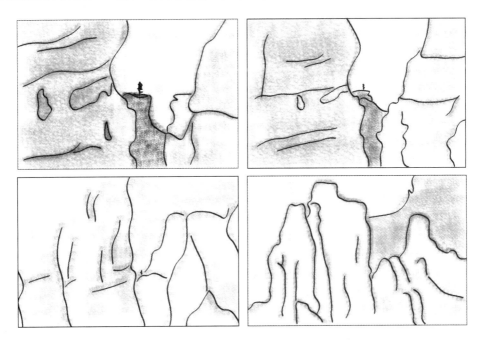

图5-45　纪录片《人类》边拉边摇镜头示意图

5.4.3　混合方式

混合方式的综合运动镜头是先后方式和同步方式的混合操作来进行连续拍摄的运动镜头。这是综合运动镜头拍摄实践中比较复杂的运镜方式，对操作有很高的要求，不仅要有扎实的基本功，还要有专业的现场反应能力。在后期剪辑中，也为一镜多用提供了更多的选择。下面进行举例说明。

（1）推镜头＋下降镜头

在航拍中，无人机飞行速度快慢可以改变画面节奏。当镜头逐渐推进主体而后下降时，如果这时加快速度就会形成俯冲镜头，即无人机朝前飞行的同时向着被摄主体俯视直冲的镜头。在无人机航拍中，拍摄高速感的镜头是影像表达不可或缺的一部分，这样的俯冲镜头可以增加画面的速度感，使得观众获得模拟无人机的第一视角，增强身临其境的沉浸感。

在《航拍中国》北京篇中，无人机快速推进到故宫的门，从上到下俯冲进门，产生极强的视觉冲击力，仿佛观众跟着无人机的镜头一同穿过了天阳门下，令人身临其境。在拍摄这种快速的推镜头时需要谨慎打杆操作，避免暴力打杆，这样拍出的画面才能更加流畅，并且可以避免乱打杆造成的碰撞意外。

（2）推镜头＋摇镜头＋下降镜头

通过无人机垂直下降拍摄的镜头，与推镜头和摇镜头结合在一起能够展现出缓缓下降的运动轨迹，一般在表现大景别转向小景别时使用。

扬·阿尔蒂斯-贝特朗导演的纪录片《家园》的最后一个镜头，镜头从大远景的瀑布逐渐向右摇，与此同时缓缓下降推进瀑布，镜头由几条蜿蜒流淌的瀑布线向右慢慢摇，由几条瀑布转向了一条瀑布。为了表现单一的瀑布主体，使得镜头缓缓向下推进，进而更加细节地展现河流奔腾之势（图5-46）。

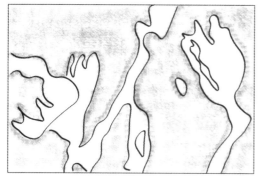

图5-46　纪录片《家园》混合方式镜头示意图

▶【航拍综合运动镜头的拍摄技巧】

航拍综合运动镜头时，整个过程都要力求"稳、平、准、匀"，如果画面不稳定，NG镜头的概率会很高。对于先后方式的综合运动镜头，如果不是画面表达的需要或者拍摄效率的需要，建议还是分为一个一个的基本运动镜头来拍摄，尤其是对于新手来说，这样的拍摄难度更低。

根据画面主题表达，来确定相应的运镜方式，进而制定具体的操作打杆方式。

专业无人机航拍可以采用双人控制模式，即一人控制无人机飞行，一人控制云台进行拍摄的方式。

采用综合运动镜头的航拍画面，往往能超越传统拍摄中的运镜局限，极大地拓展了影像的视知觉体验。在一个航拍镜头内部展现大范围空间的运动变化，能够比较自由地实现角度变化和景别变化等，从而达到镜头内部蒙太奇效果。因此，这就要求航拍摄影摄像师在航拍时，要根据画面的表达要求，先构想好每一个具体的综合运动镜头，然后确定相应的运镜方式，最后落到具体的打杆方式。

总之，基本运动镜头或综合运动镜头的拍摄应不止于飞行。这需要转换拍摄思路，即不要由飞行打杆方式来确定运镜方式，而是要根据影视镜头语言的表达要求来设计好每一个基本运动镜头或综合运动镜头，再落到具体的打杆操作来进行有的放矢地运镜。当然，要完成影像的视觉表达，不只是要拍好每一个镜头，还需要拍好每一个蒙太奇句子和场景段落，用镜头来讲好故事。

 思政小课堂

美丽乡村——
江西丰城
天井村

通过观看美丽乡村航拍短视频，认识工业化、城市化进程中乡村所面临的困境，进而深刻理解脱贫攻坚行动的不易与重要。

第6章
无人机航拍高阶训练：用镜头讲故事

作为飞手，你是否有过这样的困惑：精心拍摄的航拍镜头看上去精美绝伦，却又觉得只是一种乏味的奇观？用了很多惊险炫酷的飞行技术，但航拍镜头带来的观看体验更多是一种飞行视觉秀？航拍了很多素材，却只是躺在自己的硬盘里"吃灰"，无法剪辑成一部完整的作品？凡此种种困惑，让很多飞手开始追求拍出所谓的"电影感"。尽管在飞行技术上操纵自如，在多维运镜技巧上也是驾轻就熟，在后期处理上更是大显身手，奈何还是出不来"电影感"。其实，所谓"电影感"的核心并非飞行技术，也不是运镜技巧，更不在后期处理上，而是用镜头讲故事。

需要说明的是，这里并不是说飞行技术、运镜技巧和后期处理不重要，而是强调飞手想要追求"电影感"，需要从会飞的飞手成长为懂影视语言的航拍摄影摄像师，否则玩出花来，也出不来"电影感"。带着导演思维和蒙太奇意识去航拍，并将其从前期构思贯彻到航拍现场创作，再到后期剪辑再创作的全过程之中，才能让航拍不止于飞行，进而理解如何用镜头讲故事。

无人机航拍与传统地面拍摄的共通之处在于，都要具备导演思维和蒙太奇意识，即学会从拍摄一个规范的镜头开始，再到拍摄成组镜头以形成一个个的蒙太奇句子，进而到场景的拍摄来完成由多个蒙太奇句子组成的场景段落，最后由多个不同场景构成一部完整的影片。总之，作为一名航拍摄影摄像师，应该具备导演思维并建立蒙太奇意识，既要懂故事叙事、情感表达，又要懂镜头运用、场面调度，还要懂后期剪辑、节奏处理。

6.1 / 建立蒙太奇意识

在创作实践中，导演思维不只是导演才需要具备的，蒙太奇意识也不只是后期剪辑师应该具备的，航拍摄影摄像师同样需要具备导演思维并建立蒙太奇意识。

导演思维能够让航拍摄影摄像师更好地理解导演的创作意图，而蒙太奇意识则能更好地指导航拍运镜，将导演的创作意图落到具体的每一个场景段落、每一个蒙太奇句子，直至每一个镜头中去。如果前期构思缺乏导演思维，现场航拍创作中又没有蒙太奇意识，那么很容易出现拍了很多好看的航拍素材，却无法剪辑成片的状况。因此，通过拉片训练和分镜头脚本设计来理解和把握导演思维，并在此基础上确立蒙太奇意识尤为必要。

6.1.1 / 认识蒙太奇

（1）蒙太奇

蒙太奇（montage）作为一个从法国建筑学上借用来的名词，但凡对影视有一定的了解，都很熟悉它的原意是"安装、组合、构成"。影视专业对蒙太奇的定义是影视构成形式和构成方法的总称。从狭义的理解来看，蒙太奇就是指将不同的镜头画面、声音等元素进行组接的技巧。从广义的理解来看，蒙太奇则是指影视作品整个创作过程中的一种影视思维方式，即蒙太奇思维。因此在学习这个概念时，需要从组接技巧和思维方式两方面来理解蒙太奇。

首先，蒙太奇原理是建立在人的视知觉原理基础上的。科学实验表明，人眼具有不断追寻新的影像的生理本能。同时，人的视知觉习惯如登高远眺、抵近观察、快速扫视与定睛查看等，都是蒙太奇原理得以成立的逻辑基础。

其次，蒙太奇组接技巧是建立在影视史长期的实践探索基础上的。电影诞生初期，卢米埃尔兄弟的电影《火车进站》《工厂大门》等都是用固定机位对准一个场景连续拍摄而成，只是一种单纯的纪录，显然没有剪辑这一概念，也没有蒙太奇意识。对剪辑具有启发意义的是乔治·梅里爱发现的"停机再拍"特技摄影技术。他在一次摄影机故障时偶然发现停机再拍具有魔术效果，之后用这一技术拍摄了短片《胡迪尼剧院的消失女子》，不过这只是令观众震惊的一种电影魔术。对剪辑史来说，具有革命意义的是埃德温·鲍特尝试使用不同镜头进行剪辑的初创实践。他尝试用素材库中的消防员镜头和影棚拍摄的抢救镜头剪辑出了一部6分钟的短片《一个美国消防队员的生活》。埃德温·鲍特的剪辑探索与创作实践为他赢得了"剪辑之父"的历史地位。而实现剪辑史上大跨越的是大卫·格里菲斯，他在电影《一个国家的诞生》中创造性地运用了许多前所未有的剪辑技巧，如平行蒙太奇和交叉蒙太奇等。格里菲斯创造了一系列的蒙太奇技巧来加强电影的时空叙事张力，如时间的省略与延长、空间的转换与连贯等各种对电影时空的分解与重新组合技巧，其中最为人熟知的是格里菲斯创造的"最后一分钟营救"。

再次，蒙太奇理论是建立在影视实验基础上的。经过乔治·梅里爱、埃德温·鲍特以及大卫·格里菲斯等人的探索，蒙太奇在电影创作实践中形成了比较成熟的技术体系，但把蒙太奇从一套技术体系发展为一种蒙太奇理论体系，则是在一系列影视实验的基础上发展形成的蒙太奇学派，其代表人物是库里肖夫、普多夫金和爱森斯坦等。库里肖夫通过一系列的电影实验，验证了两个不相干镜头的组合可以产生全新的意义，即著名的"库里肖夫效应"。普多夫金的蒙太奇探索则是把蒙太奇作为导演的语言，通过创作实践进一步发展了叙事蒙太奇和联想蒙太奇的理论与实践。而爱森斯坦则从蒙太奇技巧到蒙太奇类型，再到蒙太奇美学，建构了一整套的蒙太奇理论体系。爱森斯坦关于蒙太奇理论有一句名言："两个蒙太奇镜头的对列，不是二数之和，而是二数之积。"如果说普多夫金的蒙太奇倾向于将镜头之间的关系看作是加法、一种组合，那么爱森斯坦的蒙太奇则倾向于把镜头之间的关系视作为乘法、一种冲突。爱森斯坦不仅是一个电影理论家，也是一位理论联系实践的电影导演。他的影片《战舰波将金号》中的"敖德萨阶梯"，被后世奉为经典的蒙太奇段落。不过，长镜头理论的代表安德烈·巴赞却不认同蒙太奇理论的创作理念。在他看来，镜头剪辑作为一种形式主义技巧会摧毁现实的复杂性，主张用连续拍摄的纪实性长镜头来强调叙事的多义性，包括其中的镜头内部蒙太奇手法，让观众自己去观察和创造意义。总之，库里肖夫、普多夫金、爱森斯坦以及巴赞的探索意义，不仅在于创立了电影蒙太奇理论和长镜头理论，更重要的贡献在于为"电影如何作为一门艺术"提供了理论体系的建构和创作实践的指导。电影由此有了自己的语言，当时的电影独立成为"第七艺术"，也就有了真正的艺术基础。所以从这个意义上来说，就能更好地理解为什么说"蒙太奇是电影艺术的基础"。

最后，蒙太奇意识是建立影视艺术思维的基础。蒙太奇经历了从发生发展到成熟的历史过程，对于今天我们学习和认识蒙太奇来说，更重要的是尽早地建立蒙太奇意识，通过各种专业训练养成蒙太奇思维习惯，才能在航拍实践中将"用蒙太奇来指导运镜"当作一种专业上的自觉。

库里肖夫效应

库里肖夫把演员莫兹尤辛一张没有特定表情的脸，分别与一口安放逝者的棺材、一碗汤和一个漂亮女人的镜头进行剪辑，观众认为莫兹尤辛表演出了相应的悲伤、饥饿与欣喜。这实际上是由于镜头的组接使观众产生了自身的联想。这个实验证明了有目的地将不同镜头加以组合可以获得新的含义。

（2）蒙太奇的分类

蒙太奇的分类标准不同，不同的蒙太奇理论家分类也不同，所以蒙太奇的种类很多。一般而言，蒙太奇主要分为叙事蒙太奇和表现蒙太奇。叙事蒙太奇还可以进一步分为平行蒙太奇、交叉蒙太奇、连续蒙太奇等；表现蒙太奇则可以分为对比蒙太奇、心理蒙太奇、隐喻蒙太奇等。此外，还有爱森斯坦非常重视的表意蒙太奇，如理性蒙太奇和思想蒙太奇等。换言之，蒙太奇可叙事、可抒情、可说理。

① 叙事蒙太奇　是为了叙述故事的蒙太奇类型，指按照情节发展的时空关系、因果关系等经验逻辑来分切组合镜头、场景段落，从而引导观众理解剧情。无人机航拍镜头常被认为表现强、叙事弱，所以一般选择通过与地面镜头组接，或者辅以解说词的形式来完成叙事表达。当然，无人机航拍可以通过飞得更低、飞得更近等方式来拍摄完成叙事蒙太奇所需要的各种镜头。无人机航拍的技术迭代，让场面调度有了更丰富的选择，对场景细节的捕捉能力也有了更大的提升，这些都为叙事蒙太奇提供了更多的可能。

例如，纪录片《家园》中有一段画面，用了4个航拍镜头组接而成的蒙太奇句子，叙述了人类驾驶独木舟渔猎的场景（图6-1）。

镜头一（远景）：两人撑船行驶在狭窄的航道中。

镜头二（远景）：人们正在收割水草。

镜头三（远景）：人们撑船穿行过水草茂密的水面。

镜头四（大远景）：村落附近纵横的狭窄水路上，有小舟在穿行。

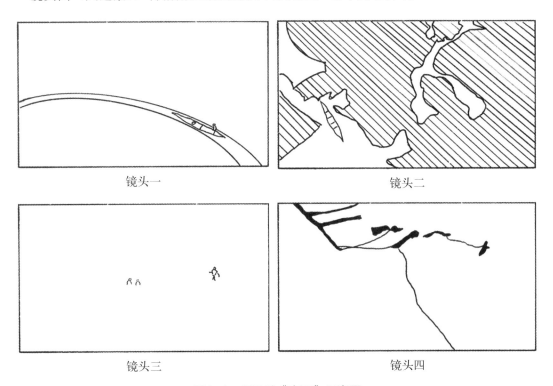

镜头一　　　　　　　　　　　　镜头二

镜头三　　　　　　　　　　　　镜头四

图6-1　纪录片《家园》示意图

② **表现蒙太奇**　是为了传达情感或寓意的蒙太奇类型，指通过镜头对列形成对照，给观众造成从视觉到心理上的冲击，激发观众的联想和思考，以达到表现某种情感和寓意的目的。

例如，纪录片《人类》开篇有一段画面，用了5个航拍镜头组成一个表现性的蒙太奇句子（图6-2）。影片通过茫茫沙海中商队渺小的远景镜头和人们艰难跋涉的特写镜头，形成强烈的对照与反差，突出了人类与自然的主题表达。

镜头一（大远景）：远山包围的白色沙漠中，人类的商队逶迤前行。

镜头二（远景）：商队行走在沙丘之脊上。

镜头三（大远景）：商队沿着沙丘向前行进。

镜头四（全景）：跋涉中的商队。

镜头五（大远景）：沙丘之脊上攀登的商队投下长影。

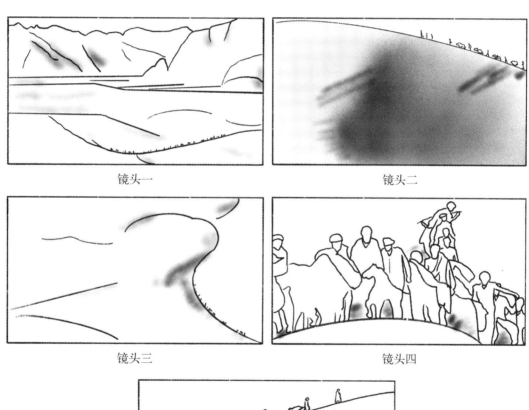

镜头一　　　　　　　　　　　　镜头二

镜头三　　　　　　　　　　　　镜头四

镜头五

图6-2　纪录片《人类》示意图

6.1.2　拉片训练

对于航拍摄影摄像师来说认识蒙太奇很重要，更重要的是建立蒙太奇意识。不过，建立蒙太奇意识不只是观念上的改变，而是要进行大量的专业训练，否则"一看就懂，一做就错"。因此，这里介绍一种建立导演思维和蒙太奇意识的重要训练方法：拉片训练。

（1）打开天眼：五步看片法

为什么要拉片？简单来说，就是"眼过千遍，不如手过一遍"。我们每个人从小到大看了很多的影视剧，但并不会导、拍、剪片子。为什么摄影摄像师也要进行拉片训练呢？通常来说，拉片是导演、剪辑等影视相关专业学习的必修课，但摄影摄像师也要具备导演思维，要懂后期，因此同样需要通过拉片训练来完成从普通观众的观看视角到导演、剪辑师和摄影摄像师的创作视角的转换。不同专业的拉片关注点会有所不同，对于摄影摄像师来说，就是通过把影片或某个场景段落进行逐个镜头的分析，做到抽丝剥茧地解剖每个镜头的画面内容、景别、构图、用光、机位、运镜方式、运动节奏、场面调度、表演、剪辑方式、声画关系等，并把它们都记录下来。不同专业的拉片方式也会有所不同，这里介绍一种摄影摄像师拉片训练的"五步看片法"。

第一步，作为一个普通观众完整地观看影片内容，把握影片的基本内容和总体结构。

第二步，转换到创作者的角度，关掉影片声音，只看画面。重点训练镜头感，要求能准确判断出每一个镜头、蒙太奇句子和场景段落，整体把握叙事节奏，养成敏锐的视觉思维。

第三步，正式拉片。这个过程需要从摄影摄像师、导演和剪辑师的三重视角，用创作者的思维去观摩影片。可以将影片导入剪辑软件逐段、逐句、逐镜头反复研究性地分析，要求带着问题去拉片：影片的叙事结构是如何建立的？不同场景段落拍摄了哪些蒙太奇句子？这些蒙太奇句子由哪些镜头组成？用了什么样的剪辑手法？为什么这样剪？在思考这些问题的基础上，一遍又一遍地研究性分析每一个场景段落、蒙太奇句子和镜头是如何拍摄完成的。大量拉片训练的目的，就是要培养具有导演思维和懂后期的摄影摄像师。

第四步，将画面关掉，只听声音。跟随着声音，在脑海中还原镜头画面，即"眼前过电影"。这是巩固之前拉片所得的重要过程，也是建立画面感的重要方式，还是强化蒙太奇意识的重要途径。

第五步，打开声音和画面，再完整地观看一遍影片，重新审视如何通过镜头语言来进行影像表达。

（2）学会记录：拉片训练记录表

需要说明的是，并非所有影片都值得去拉片，因此拉片对象首先需要进行精筛细选。其次，在拉片过程中，要有效建立起对前期构思、拍摄实践与后期剪辑之间关系的理解，避免陷入拉片误区。第一种是按照模板机械地分析，没有思考镜头背后的创作者为何要这样做；第二种是背离最初的拉片目的，在观看的过程中陷入对故事剧情、演员演技和运镜技巧等的过度关注，而忘记了训练目标。最后，要实现拉片的训练目标，有一项非常重要的工作就是要做好拉片训练记录表。日常的拉片训练时可以参考表6-1。

表6-1　拉片训练记录表

镜号	镜头画面	时长	景别	拍摄手法/角度	解说	音乐/音效
1						
2						
3						
4						
5						
6						

总的来说，拉片训练需要投入大量时间和精力，需要有足够的耐心去研究性地学习和积累经验。毫不夸张地说，拉片训练也是从飞手进阶到航拍摄影摄像师的必经之路，经过拉片训练后，将获得不一样的专业经验和表达技巧。在航拍摄影摄像实践中，如果能通过大量的拉片训练来积累经验，无疑将创作出更加专业的航拍影像，实现更好的影像表达。

6.1.3　　设计分镜头脚本

思想往往是行动的先导，蒙太奇意识也是航拍的先导。在航拍实践中，如果是现场纪实性镜头的航拍，蒙太奇意识有助于拍摄成组的航拍镜头，尽可能进行多角度、多景别、多种运动的拍摄，为后期剪辑阶段的再创作留有空间。如果前期有充足的时间进行策划构思，那么就需要做好一项非常重要的工作：设计好分镜头脚本。这是指事先将蒙太奇意识落实为具体的分镜头设计和航拍线路规划，为具体航拍提供基础，提高拍摄效率。

（1）撰写分镜头脚本

分镜头脚本通常是从剧本或构想转化而来的图画脚本，其目的在于将影片构思转化为供拍摄用的一系列镜头。对于航拍摄影摄像师来说，在开始分镜头脚本的编写之前，要先进行勘景，在勘景的基础上进行分镜头设计，会更切合拍摄实际，因而更有可行性和可操作性。

编写分镜头脚本的过程通常是将文字脚本或自己构思的画面内容转换成一个个形象具体的、可操作的拍摄镜头。画面内容方面，可以用富有画面感的语言描述所要表现的画面内容，也可以借助绘画以及勘景所获得的照片或视频截图来表达。声音方面，确定对应镜头的解说词以及音乐、音效等。具体的分镜头脚本可以参考表6-2。

表6-2　分镜头脚本

镜号	景别	角度	运动方式	时长	画面内容	声音
1						
2						
3						
4						
5						
6						

（2）根据脚本进行航拍镜头拍摄

用分镜头脚本指导航拍，能够专注于所需镜头的拍摄，减少现场拍摄的盲目性，更重要的是能够提高素材的拍摄效率，避免频繁转场浪费时间。鉴于无人机续航能力有限的问题，所以应合理规划，在有限的飞行时间中拍到更多的有效镜头。

 6.2 航拍成组镜头

成组镜头

爱森斯坦曾经用汉字来描述蒙太奇，如把两个具有独立含义的名词"口"和"犬"组合到一起，构成动词"吠"，含义便发生了质的变化。如果说镜头是一个词语，那么由镜头组成的蒙太奇句子便构成故事的基本表意单元。因此，要获得具有表达含义的蒙太奇句子，在现场创作时就要航拍成组镜头，后期才能剪辑成蒙太奇句子。

6.2.1 蒙太奇句子

蒙太奇句子是逻辑连贯、富于节奏、含义相对完整的一组镜头，通常由两个或两个以上的一系列镜头组成（图6-3）。

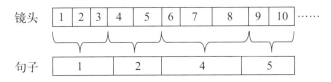

图6-3　蒙太奇句子结构

一个蒙太奇句子可以表现一个单位任务、一段动作、一个事件的局部或是一个完整情节。其中镜头的景别、角度变化并不是随心所欲、毫无章法的，而是遵循一定的影视语言规律。下面介绍几种常见的蒙太奇句式，来帮助大家理解一个蒙太奇句子是如何建构的。

（1）前进式蒙太奇句子

前进式蒙太奇句子的内在逻辑是人类的思维习惯和观察事物的方式。人的主要思维习惯和观察事物的方式是从大到小、从整体到局部，是一种逐步递进的逻辑关系。前进式蒙太奇句子一般用来表达越来越细致的观察、越来越高涨的情绪，景别逐渐变小，视点逐渐变近，细节越来越清楚，把观众的视线由整体引向细节，渲染越来越强烈的情绪和气氛，具有很强的代入感。在前进式蒙太奇句子中景别通常由远而近变化，其基本形式为：远景→全景→中景→近景→特写。

（2）后退式蒙太奇句子

后退式蒙太奇句子把观众的视线由细节引向整体，给人的感觉越来越弱，使人的情绪由激动而自然地平静下来，形成一种节奏上的完整感。后退式蒙太奇句子可以用来制造某种悬念，先突出局部，使观众产生一种期待心理，再交代整体产生的效果。在后退式蒙太奇句子中景别由近向远变化，基本形式为：特写→近景→中景→全景。

（3）环形蒙太奇句子

在一部影片中，前进式蒙太奇句子和后退式蒙太奇句子往往不是独立的存在，二者结合在一起，这就形成了环形蒙太奇句子。这种句子可以带给观众由入到出的完整叙事体验，增强观众的沉浸感。环形蒙太奇句子基本形式为：全景→中景→近景→特写→近景→中景→全景。

（4）跳跃式蒙太奇句子

跳跃式蒙太奇句子的景别变化没有特定规则，但也不是无理由地随意跳接镜头。在一组跳跃式蒙太奇镜头中，当景别由小景别一下子变到大景别，或由大景别一下子变为小景别，应该根据表达需要进行前期拍摄和后期跳接。跳跃式蒙太奇句子通常可以用来表现情绪上的突然变化、注意力的突然集中，或是空间距离的变化等。

6.2.2　航拍成组镜头的方法

为什么要拍摄成组镜头？原因很简单，就是后期剪辑时能够组接成蒙太奇句子。如何更有效地航拍成组镜头？需要在拍摄前勘景的基础上，提前构思好分镜头，最好能设计相应的分镜头脚本，并在拍摄时尽量多角度、多景别、多种运动地成组拍摄镜头，为后期剪辑蒙太奇句子提供足够丰富的素材，并注意剪辑点，给后期剪辑留有空间。考虑到无人机航拍中无人机电量续航的问题，也需要提前构思并成组拍摄。

> 【航拍成组镜头的技巧】

航拍成组镜头要富有变化，通过多角度、多景别、多种运镜方式进行拍摄，或者通过综合运动镜头来丰富画面内容和叙事视角。条件允许的情况下，每个镜头多拍几条，确保每个镜头至少有一条可以用。

在同一场景下除了尽可能多地拍摄成组镜头以外，还应该多拍摄一些空镜头，为后期剪辑留有素材选择的余地，减少补拍的可能。

充分利用无人机在空中的时间，顺手完成推拉镜头、前后移镜头、正反摇镜头等素材的拍摄，最大程度地提高一次升空的拍摄效率。

 **6.3** / 航拍场景段落

小场景拍摄

在一部完整的影片当中，场景段落是相对完整的叙事单位，由不同蒙太奇句子组成。具备了蒙太奇意识，掌握了航拍成组镜头的技巧，就可以进行场景段落的航拍。航拍场景段落要注意定场镜头的拍摄，并能够根据拍摄场景的实地情况进行规范的轴线处理。此外，还应该通过事先设计好的转场方式，如无技巧转场等，拍摄一些转场镜头，实现场景段落之间的转换（图6-4）。

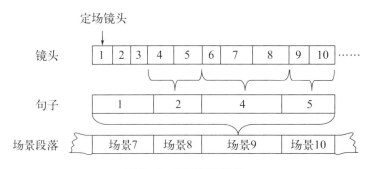

图6-4　场景段落结构

6.3.1 / 定场镜头

定场镜头是影片用来明确交代某一场景的时间、地点或人物关系的镜头。定场镜头通常是一种大视野的远景，目的在于确立场景中所有被摄主体与空间的关系。无人机时常变

换景别、角度等进行运动和拍摄，因此航拍定场镜头非常重要，能够起到提示和引入的作用，大幅降低观众的空间错乱感。如果一段故事中缺乏定场镜头，就会让观众难以定位主体之间的空间关系，产生碎片化和凌乱的感觉。此外，从叙事角度来说，定场镜头常用作故事的开头，以便故事情节的展开。

在体现场景的空间关系方面，无人机航拍具有独特的视角优势。近年来一些电影、电视剧中，不乏以航拍视角呈现的定场镜头，令人印象深刻。比如电影《红海行动》在表现"广东号"货轮遭遇海盗伏击的场景时，就是通过航拍的定场镜头，以货轮的侧面楼梯为空间背景，展示了登舰海盗和货轮船员的位置，为货轮保卫战的交火交代了人物位置关系（图6-5）。镜头随后右摇，逐渐显现出"广东号"货轮的全貌，体现出货轮在茫茫海洋中的孤立无援，从而为后续的故事情节展开做好了铺垫。

图6-5　电影《红海行动》的定场镜头

6.3.2　轴线处理

由于航拍的大范围运动，在影视叙事时很容易给观众带来空间感知上的混乱，所以轴线处理是航拍场景段落中需要更加注意的问题。所谓"轴线"，是指被摄对象的视线方向、运动方向和不同对象之间的关系所形成的一条虚拟的直线。

（1）轴线规则

航拍时，无人机围绕被摄对象进行镜头调度时，为了保证被摄对象在画面空间中位置正确、方向统一，无人机要在轴线一侧180°之内的区域调度机位、选择拍摄角度、确定拍摄景别和设计运镜方式等（图6-6）。

航拍中的轴线包括运动轴线和关系轴线。运动轴线也称动作轴线，即处于运动中的人或物体，其运动方向构成运动轴线。而关系轴线则是主体与主体之间交流形成的轴线。

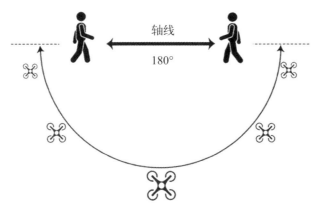

图6-6　轴线规则

航拍运动轴线或关系轴线时，拍摄的范围要保持在轴线同一侧，确保观众能够理解画面中被摄物体的相对位置。一般情况下，不越过轴线拍摄。当然，轴线不是不可以逾越。如果要越轴，一般要按照越轴的规律进行处理，否则容易造成观众视觉上的错乱。

（2）三角形原理

在影视创作中，利用轴线来保持空间的统一性和方向感是一种重要的表现手法。不同的轴线类型所对应的拍摄场景不同，在创作过程中根据不同的情况选择合适的方式，能够呈现出更多样的主体关系。在轴线的处理中，常常用到三角形原理，无人机的机位可以设置在三角形的三个顶点位置上，形成一个相互联系的三角形机位布局（图6-7）。

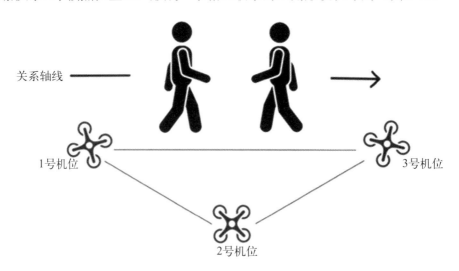

图6-7　关系轴线的三角形原理

三角形机位布局原理的首要规则，是选择关系轴线的一侧并始终保持在那一侧。在关系轴线的一侧，无人机在三角形底边的那两个顶点上的机位可以左右移动，得到三个不同的拍摄角度，形成三角形原理的三种基本变化。将三角形原理应用在航拍实践中，可以有多种呈现方式，如内、外反拍（也称正反打）。

外反拍三角形机位布局有两个优点：一是底边上两个机位所拍摄的画面中，两个关系主体可以互为前景和后景，使构图具有明显的透视效果；二是这种一个正面、一个背面的方式可以起到转换注意力和突出主体的作用（图6-8）。

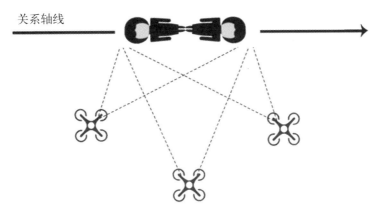

图6-8　三角形原理的外反拍机位

内反拍三角形机位布局可以利用位于底边上两个顶点位置的机位，分别表现两个被摄主体。由于主体分别在画面中单独呈现，所以这种布局可以集中表现一个主体的动作和状态（图6-9）。

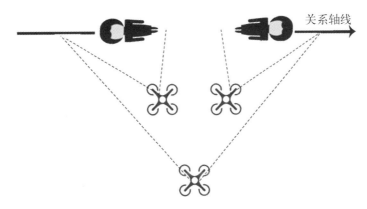

图6-9　三角形原理的内反拍机位

与传统地面拍摄不同的是，航拍中轴线的运用更多地呈现出运动拍摄的美学特点。通常情况下，无人机航拍使用连续的运动镜头较多，航拍画面往往容易越过轴线。因此处理空间关系尤为重要，稍不注意就可能会让观众在画面空间中失去方向感，造成空间感知错乱，因此更要认真理解三角形原理及越轴应用。

（3）越轴处理

越轴是由于镜头随意越过轴线，违反了空间处理规则而产生的前后镜头空间不连贯和不统一的现象。如果拍摄时恪守在轴线一侧进行镜头调度的原则，就能够保证两相组接的画面中人物视向、被摄对象的动向及空间位置上的统一，这就是场面调度的方向性。

如果在航拍实践中确实需要通过越轴来完成场景切换、主体切换等，那就要借助一些合理的越轴方式作为过渡，让它们发挥一种"桥梁"或"缓冲"作用，从而避免"跳轴"

现象。常用的越轴办法有以下几种。

第一，利用无人机的运动越过轴线。在拍摄主体运动的过程中，可以通过无人机飞越轴线的航拍运动来完成越轴。这样拍摄出来的画面不仅连贯流畅，而且由于镜头提示了轴线方向的变化，所以不会带给观众视觉上的混乱（图6-10）。在大量航拍作品中，无人机跨越城市建筑群的中轴线、铁路、大桥等轴线的镜头比比皆是，由于观众看到了无人机飞越轴线的画面，因此并不会感到突兀。

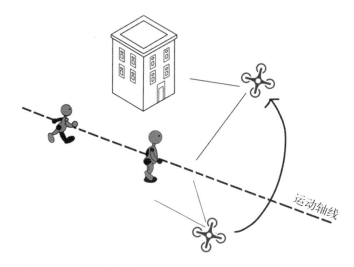

图6-10 利用无人机运动的越轴处理

第二，利用骑轴的中性镜头来过渡，或者特写、空镜头等无方向性镜头来间隔轴线两边的镜头。中性镜头没有明确的方向性，所以能在视觉上发挥一定的过渡作用。当越轴前所拍的镜头要与越轴后的镜头相组接时，中间以中性方向即在轴线上拍摄的骑轴镜头作为过渡，或者用一系列的特写镜头、空镜头等作为间隔，就能缓和越轴后的画面跳跃感（图6-11）。

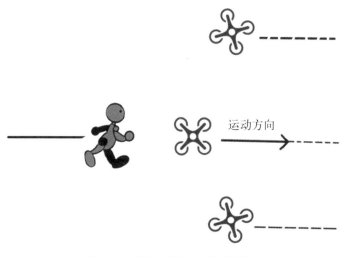

图6-11 利用中性镜头的越轴处理

第三，利用轴线的改变或者轴线之间的切换来完成越轴。一种情况是，主体运动方向改变，轴线也随之发生了改变。比如，当镜头中的运动主体完成掉头动作，观众可以看到其运动轴线已经发生转变，这时候已经自然而然地完成了越轴；另一种情况是，双主体运动时既有运动轴线也有关系轴线，可以在运动轴线与关系轴线之间自然切换，消解角度变化的突兀，实现自然过渡，也就达到了越轴的目的（图6-12）。

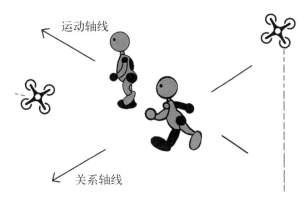

图6-12　利用双轴线的越轴处理

从上述几种越轴方法来看，无人机航拍实践中只要具备"轴线"意识，合理"越轴"通常是很容易做到的。对轴线的运用也是航拍中非常常见的，无人机可以沿着轴线飞行进行移镜头或跟镜头的拍摄，或自由流畅地飞越物理或虚拟轴线进行运动镜头的拍摄，呈现轴线两侧的不同图景，自然而然地消解地面镜头中"越轴"产生的不连贯和不统一的现象。

> 【航拍场景段落的注意事项】

　　航拍场景段落之前，用无人机勘景时，除了勘测无人机安全飞行的因素之外，还需要根据场景的实际情况进行拍摄计划的调整。

　　场景航拍实践中，要重视场面调度，重点是无人机的调度和被摄主体的调度。另外还应该具备三个意识：场景意识、轴线意识和后期意识。注意定场镜头、越轴镜头和转场镜头的拍摄，尽量不把问题留给后期，同时为后期剪辑留有余地。

　　航拍场景段落之后，要注意检查场记和重视素材回看，以免出现漏拍重要镜头或者未及时发现穿帮镜头等状况，避免不必要的返场补拍。

6.4 ／ 航拍长镜头

相对于蒙太奇的拍摄手法，长镜头是对一个场景或一场戏进行长时间连续拍摄的镜头。长镜头的主要特征是镜头的时间比较长，一般定义为超过10秒的镜头，但也没有绝对的标准。长镜头通常在一个连续的镜头中展示故事的发展过程，画面表现为丰富的场面调度、运镜变化及景别变化。在无人机航拍中，航拍长镜头需要很强的场面调度能力，比较有代表性的是一镜到底和天地一体镜头。

6.4.1　一镜到底

"一镜到底"属于长镜头的一种极致运用，其特点在于强调叙事的完整性。一镜到底通常是通过镜头内部蒙太奇来展示故事的发展过程，并形成一段完整的叙事。严格来说，一镜到底是一个镜头从开始拍摄到结束，并且不进行后期剪辑，强调影视时空和真实时空的一致性，追求真实性基础上的长镜头美学。在影视史上，一镜到底更多的是一种影视实验。1948年，历史上第一部采用一镜到底拍摄手法的电影是希区柯克的《夺魂索》，但受制于胶片技术，该片实际是由多个长镜头剪辑拼接而成。而2002年的影片《俄罗斯方舟》是在圣彼得堡美术博物馆中连续拍摄一个长达96分钟的长镜头，穿过35个展厅空间，行云流水地完成了"一镜到底"，成就了电影史上的成功奇迹。当然，也有一些电影如《鸟人》（2015）、《1917》（2019）等，仅仅是"看上去"像一镜到底，而实际上是通过影视后期将多个长镜头"无缝"缝合而成的伪一镜到底。无论是通过影视后期实现的伪一镜到底效果，还是如行云流水般的实拍单一长镜头，都是一种令人赞叹的视觉实验，体现了一种对影视语言的极致追求。

相较于常规的地面拍摄，航拍中的一镜到底实验也有一些探索。2014年一部红遍网络的航拍MV短片《我不会让你失望》（*I Won't Let You Down*），采用一镜到底的拍摄手法，完成了一部长达5分钟的单一长镜头MV（图6-13）。该片使用大疆的八旋翼无人机S1000拍摄，舞蹈镜头开始时的室内镜头是将无人机固定在一台全向平衡车上拍摄，随着演员的运动，镜头逐渐转到室外拍摄，在到达预定点位后，无人机离开平衡车升上天空，镜头转为正扣向下，由此开始片子的主体部分。主体部分由众多舞蹈演员组成，搭配服装、雨伞等道具，按照前期规划好的站位表演指定动作。在无人机的空中视角下，演员作为点阵，排列组合成一个又一个生动的图案，令人叹为观止。不过，需要指出的是，虽然该片是一镜到底拍摄完成的，但为了能在音乐节奏上卡点，对画面还是作了一些局部的速度调整。可见，无人机一镜到底的航拍方式，除了具有空中鸟瞰视角的天然特点外，航拍运动镜头也具有行云流水般的流畅连贯优势，而且航拍角度以及运镜方式也更加自由、灵活多样。

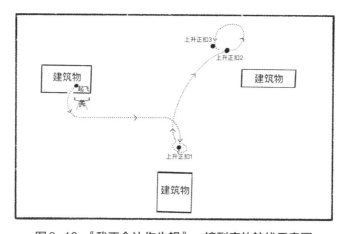

图6-13　《我不会让你失望》一镜到底的航线示意图

由于受无人机续航能力、场面调度等限制，能真正做到一镜到底的航拍作品并不多见。一镜到底的航拍作品需要进行精确的航线设计，以及拍摄背后大量细致的场面调度工作，而且还需要航拍摄影摄像师和云台手心有灵犀地通力合作，是一种极具挑战性和艺术性的高难度拍摄方式。

6.4.2　天地一体镜头

天地一体镜头，顾名思义是指在一个航拍的连贯镜头中同时包含空中视角及地面视角的拍摄手法。相较于一般的空中航拍视角，它兼顾了空中与地面的无人机调度，镜头所展现的画面信息内容更丰富，天空和地面镜头画面的相互转换也往往能带来更强的视觉冲击力。

早期航拍主要由固定翼飞机或载人直升机完成。由于固定翼飞机的飞行高度和速度特点，由高空到超低空飞行的安全性存在非常大的风险，而直升机本身的机械振动和螺旋桨带来的强烈气流都会影响航拍镜头画面的稳定以及演员的表演，所以固定翼飞机和直升机要完成天地一体镜头的拍摄几乎是不可能的。而无人机的出现，给天地一体镜头的拍摄带来了更多的可行性。无论是无人机的操控性能，还是无人机航拍画面的稳定性，以及靠近地面航拍或转为地面拍摄的安全性，都有非常好的技术支撑和保障。

天地一体镜头常用于跟随画面主体运动，或是根据剧情需要，由突出主体到展示环境全貌，反之亦然。"从天到地""从地到天"或是天地镜头多次相互交替转换，在影视创作中越来越常见。

例如2018年上映的电影《悲伤逆流成河》，其片头从标题出现开始共计约两分半钟的片段，即是一个典型的"从天到地"的天地一体镜头。无人机先由空中视角展示了城市风景，然后逐渐前进并下降进入巷子，着重介绍巷子里的环境和人物，最后转为手持的镜头进入室内拍摄主角。这一片段的运镜虽不复杂，但清晰地交代了本片发生的环境背景及人物主体，既有真实环境的代入感，又极具故事场景的沉浸感。

再如《航拍中国》第二季四川篇就采用了长达一分半钟的天地一体镜头来表现川菜与川剧。镜头一开始是"从天到地"，由一个正扣向下的航拍镜头切入，跟随人物前进，通过俯视视角展示上菜过程。紧接着镜头画面跟随着人物的同时，无人机上升飞入二层走廊，转为手持的地面镜头。镜头进入房间环绕一周，交代了房间内的环境及人们用餐的场景，近距离地展现人们用餐时的热闹场景。之后，镜头跟随服务员出房间，并在连廊稍作停留后再次升空，完成"从地到天"的镜头转换。航拍镜头再次"从天到地"，由远景前推至全景，为观众展示川剧表演现场。正面镜头结束后，无人机在舞台前方向右环绕，与此同时镜头逐渐下摇直至正扣向下，并逐渐上升，再次完成"从地到天"的镜头转换（图6-14）。这种行云流水的天地一体镜头，和一镜到底类似，显然对场面调度和航拍拍摄都有非常高的要求。

图6-14 《航拍中国》第二季四川篇的天地一体镜头

6.4.3　航拍长镜头的注意事项

长镜头的拍摄难度较大、成本较高，在拍摄中需要格外注意成片的效率与拍摄安全问题。尤其是天地一体镜头，包含了不少复杂的组合运镜以及空中镜头与地面镜头之间的调度切换。所以在航拍前需要做好充分的准备工作，尽最大可能做好环境勘测、航线规划和场面调度，降低试错成本，提高拍摄的效率和成功率。

（1）环境勘测

对飞行环境和拍摄主体周边的环境进行实地勘测。环境勘测的目的主要有三点：一是熟悉拍摄环境，提前做好场面调度等各项彩排工作；二是根据拍摄内容进行航线规划；三是注意拍摄航线中的障碍物，做好避障和安全措施。

（2）航线规划

一般来说，航拍长镜头只要做好航线规划便成功了一半。尤其是一镜到底或天地一体镜头等长镜头，由于拍摄时长通常都比较长，航线也比较复杂，因此需要将航线分段规划。

具体操作时，重点是根据表达需要将航线拆分成多个部分，关键点是做好每个部分之间无人机的运动衔接，设计好画面的过渡方式，从而让整个镜头自然流畅。比如天地一体镜头，如果是从天到地再到天的全过程，则至少包含"从天到地"、地面、"从地到天"三个部分的分段规划，和中间两个衔接点的无人机的运动衔接。根据拍摄主体的变化，航拍实践中经常会由无人机空中镜头转为手持无人机拍摄地面镜头，再转为无人机空中镜头。在此期间就需要特别做好手接无人机和放飞无人机两个衔接点的自然过渡和安全保障。

（3）场面调度

一镜到底和天地一体镜头拍摄过程中的场面调度十分重要，稍有差错就会直接影响最终的成功率。场面调度的一项主要工作是人物调度。人物调度取决于剧情安排，对人物的出场方式、行动路线等都要精心设计。在很多一镜到底的影视创作中，经常还要改造人物所在的空间，因此还需要对现场工作人员的制景进行周密的安排，以免穿帮。

场面调度的另一个主要内容是镜头调度，在这里就是指无人机的调度。拍摄组通常由无人机飞手、云台手、地面摄影师、观察员等组成。其分工是：飞手和云台手负责无人机在空中的飞行操控和拍摄；地面摄影师负责无人机接近地面时接机之后手持无人机拍摄；观察员通常外接副控云台，负责观察拍摄的场景及周边环境安全等。在拍摄过程中，拍摄组既要密切配合，把镜头拍好，还要注意站位，防止穿帮。

总之，一镜到底和天地一体镜头的拍摄难度非常大，除了做好环境勘测、航线规划和场面调度之外，还需要现场拍摄时保持清醒的头脑和灵活的应变能力，以应对各种可能的突发状况，加强事前练习和重视临场发挥，尽最大可能追求更大的成功率。

> 【航拍长镜头的安全注意事项】

平稳接机：在无人机接近地面的时候，地面摄影师应从无人机背后避开镜头接机，并注意接机安全，以确保平稳接机。

配备观察员：通常拍摄组应配备至少一名观察员，除了观察拍摄环境防止穿帮外，更重要的是能够对拍摄过程中的安全风险作出及时的提醒，防止不必要的危险发生。

及时开关电机：在接机和放飞无人机时，应切记及时开关电机，保证画面平稳的同时，也保障无人机正常运行和工作人员的安全。

 思政小课堂

通过观看传统文化村落的航拍短视频，在理解场景拍摄中的"轴线"规则之外，也融入了传统文化的传播，有利于对传统文化的保护与传承。

传统文化村落
——江西
浮梁绕南村

第 7 章

无人机航拍影像处理：后期再创作

　　航拍摄影摄像师一定要"懂后期"。一方面，如果不懂后期，那么在航拍现场创作过程中很可能出现一些比较尴尬的情况。比如，没有航拍成组镜头，给后期工作带来很多不必要的工作量；或者没有拍摄足够的空镜等过渡性镜头，没有给后期工作留下可选择的空间。另一方面，如果不懂后期，即便拍摄的每一个航拍镜头都美如油画，在后期剪辑的再创作过程中也可能只是"请您欣赏"的唯美画面，而不是优秀的航拍作品。因此，只有懂后期，才能在创作前期镜头设计、现场拍摄和后期剪辑全过程中更高效、高质地完成航拍作品的创作。有效地存储和管理海量航拍素材，熟练掌握剪辑、镜头组接、调色等处理技巧，是航拍影像作品创作的基础。

7.1 / 存储与管理海量素材

尽管前期精心的镜头设计和现场航拍成组镜头会在一定程度上减少冗余素材，但无疑还是会积累大量的航拍素材，这就需要选择合适的储存设备，并对其合理地分类管理，方便后期快速检索和查找想要的素材。

7.1.1 / 储存设备的选择与备份习惯的养成

（1）储存设备的选择

对于航拍素材的存储，需要根据实际情况合理选择储存设备，常用的储存设备包括高速存储卡、固定硬盘、机械硬盘、网络云盘、NAS+云盘等。

（2）及时多次备份习惯的养成

在素材的存储过程中，可能会出现设备故障、读写错误、数据丢失等问题，但素材存储安全是必须百分之百保证的。因此，为了以防万一，建议在完成拍摄之后，最好先将拍摄的原始素材备份一份，避免原始素材丢失；之后再对原始素材进行筛选、分类、整理，将整理后的素材进行第二次备份；然后将最终剪辑中使用到的素材再进行一次备份。在此过程中，非常重要的素材还应该备份到不同的储存设备中，如硬盘、云盘等，最大程度地降低素材丢失的风险。

7.1.2 / 素材管理

航拍纪录片或者宏大主题、复杂场景的拍摄，往往需要拍摄很长时间，拍摄的素材也常常是海量的。因此，拿到素材的第一步就是要在电脑上对已拍摄的素材进行归纳整理，按照一定的方式对文件进行命名分类，提高镜头画面的使用效率。

（1）航拍场记表

航拍场记表记录各镜头的具体信息，总体上包括片名、拍摄地点、时间、主体、景别、摄法以及拍摄内容等，将拍摄过程中每一个镜头的有关内容按照镜号顺序依次填写在表格内，并进行归档。表7-1为航拍场记表的参考格式。

表7-1　航拍场记表

关于"　　　　　"的航拍场记表										
拍摄地点：			拍摄时间：			拍摄主体：				
序号	镜号	景别	运镜	角度	时长	画面内容	镜头参数	素材命名	NG 理由	备注
01	01									
02	01									
03	02									

（2）素材的命名与分类

需要归档的文件数量庞杂、顺序混乱，可以通过巧妙设置文件名来进行分类整理，如日期+场景的方式；也可以按照剪辑要求，运用标签分类将素材按照拍摄主体、地点、主题等进行标注，大大提高素材检索的效率。

7.1.3　文件的格式与编码选择

根据无人机的性能，经常需要灵活调整分辨率、图片格式、视频格式等，因而需要了解一些图片和视频格式的基础知识。

（1）常用的图片格式

无人机航拍中，常见的图片格式主要有RAW和JPEG，它们占用的储存空间有很大区别，可以根据自己的需求选择合适的格式。下面主要介绍这两种格式的特点。

RAW格式（RAW Image Format）：保留了未经处理的原始信息，能够记录更多的画面细节，在一些重要的航拍中推荐使用此格式。其优点是保存了原始信息，在后期调色上能够提供更多的图像数据处理空间。缺点是储存数据量较大，读写速度相对会比较慢，影响连拍速度。如果对航拍摄影图片的成像质量和后期调色有较高的要求，建议采用RAW格式进行拍摄。

JPEG格式（Joint Photographic Experts Group）：此格式是一种经过压缩后保存的格式，方便在不同平台或设备上浏览。优点是虽然画面会丢失一些小细节，但是占用的储存空间较小，图像直出的效果较好，同样的储存空间可拍摄的张数多于RAW格式。缺点是有一定的压缩，文件的图像信息有一定损失，不利于图像的后期调整。如果是平时拍摄训练，建议使用此图片格式。

（2）常用的视频格式

视频格式通常指的是各种视频影像的储存格式。视频文件格式种类很多，这里介绍航拍中常用的MP4、MOV、AVI三种格式。

MP4格式（MPEG-4编码标准）：是一种常见的国际通用媒体格式，用MPEG-4/H.264压缩编码标准的视频文件类型。优点是高压缩比、低码率、高画质，运用非常普遍。

MOV格式：QuickTime的影片格式，是苹果公司开发的一种常用的视频文件类型。目前大多数无人机拍摄MOV视频使用的是H.264/AVC标准压缩。部分无人机还可以使用Apple ProRes编码标准保存高质量的MOV格式视频。

AVI格式（Audio Video Interleaved）：是一种采用"音频和视频交错"的方案将视频和音频交织在一起进行存储的视频文件类型。优点是跨平台的兼容性强；缺点是各个AVI格式的文件所采用的压缩编码算法可能多种多样，影响后期剪辑效率。所以拍摄中使用较少，但在后期剪辑完成后导出作品时会使用这一格式。

目前，在航拍中运用比较普遍的视频格式是MP4和MOV。这两种格式兼容性好、画质高，大多数无人机型号都能兼容这两种格式。

（3）常用的编码标准

视频文件格式定义的是视音频数据的存储方式，而视音频数据的编码解码则取决于视音频数据的编码标准。由于音频数据相对较小，所以音频编码对视频文件的大小、存储和传输影响很小，常见的音频编码有MP3、AAC、WMA和FLAC等。

MP3编码：MP3（MPEG Audio Layer 3）是一种有损的音频压缩编码，压缩比大约10%，可以减小文件大小并提高存储和传输效率，而且音质损失很小，因此MP3的运用非常普及。

AAC编码：AAC（Advanced Audio Coding）是一种广泛应用的有损音频压缩格式，是MP3的升级版，其压缩率更高、音质更好。AAC编码被广泛用于各种视音频文件。

WMA编码：WMA（Windows Media Audio）是由微软开发的一种音频编码格式，一般用于流媒体传输服务中。

FLAC编码：FLAC（Free Lossless Audio Codec）是一种无损音频编码格式，可以在不损失音频质量的情况下压缩原始音频数据，通常用于对音质要求高的数字音频存储、传输和播放等。

随着视频画质清晰度越来越高，视频的数据量也变得越来越庞大。如果不经过压缩，这些视频很难应用于实际的存储和传输中，因此视频编码成为至关重要的一环。所谓视频编码是指通过一定的计算机算法将原始视频数据进行压缩，并编码为一种可解码视频数据的一种方式。目前国际上制定视频编码标准的组织主要有国际电信联盟（ITU）和国际标准化组织（ISO）。前者制定的标准有H.261、H.263、H.263+等，后者制定的标准有MPEG-1、MPEG-2、MPEG-4等。而H.264和H.265则是由两个组织联合组建的联合视频组（JVT）共同制定的新数字视频编码标准。此外，还有一些大公司如苹果公司也制定了自己的编码标准Apple ProRes。这里介绍航拍中常用的编码格式H.264、H.265、ProRes等。

H.264编码：是国际标准化组织和国际电信联盟共同提出的新一代数字视频编码方式，也被称为AVC（Advanced Video Coding）标准。目前为止，H.264/AVC是技术成熟、使用非常普遍的视频编码标准，具有高压缩比、高图像质量、良好的网络适应性等优点。在较低带宽上提供高质量的图像传输，使得无人机不需要使用昂贵的超高速储存卡也能拍摄高质量的视频。

H.265编码：H.265是H.264的升级版编码标准。最大的优点是压缩率更高，在同等画质下H.265比H.264编码的视频更小，而且可以支持超高清分辨率如8K 10Bit视频。H.265具有更高的压缩效率、更低的传输码率和更好的视频质量。但是目前H.265还存在对硬件性能要求高、兼容性较差、使用范围较小等问题。

ProRes编码：是由苹果公司在2007年开发的一种视频压缩技术，视频画质高，并且有很多种规格，如ProRes 422、ProRes 4444、ProRes RAW等。缺点是视频体积较大；优点是苹果软硬件系统的全面支持，在Mac系统下运用比较普遍。

7.2 / 航拍影像后期剪辑技巧

同样的素材，有的剪辑可能平淡无奇，有的剪辑可能非常出彩，后期剪辑的再创作能够呈现出完全不同的视觉效果。因此，在航拍影像的后期剪辑中，根据主题表达需要，按照生活的逻辑和影视的镜头语言，掌握各种时空的镜头组接、固定镜头与运动镜头的组接、光影变化与色彩过渡的衔接和无技巧转场等后期剪辑技巧，也是非常重要的。

7.2.1 / 各种时空的镜头组接

无人机航拍善于展现宏大场景和复杂的生活场景，如何实现主体在同一时空、不同时空、相异时空的镜头剪辑，是后期剪辑的一项基本功。

（1）同一时空内主体动作的剪接

同一时空内主体动作的剪接是主体在同一场景下主体动作的镜头组接。在后期剪辑中，主体不出画也不入画进行组接，只要主体动作连贯，组接起来就会衔接自然。在航拍中，经常以全景或者远景展现在一定场景中活动的主体，主体通常不出画，只要选择不同景别、不同角度的主体动作进行组接，画面就会自然流畅。

例如，航拍作品《地球之母》中，人物在海边的跳板上奔跑，然后纵身一跃跳到大海里的场景，用了两个航拍镜头。前面镜头是一个全景的后跟镜头，后面镜头是奔跑中的人物起身动作，跳到海里游泳的远景镜头，无人机不断上升，并逐渐后拉出一个大远景画面（图7-1）。

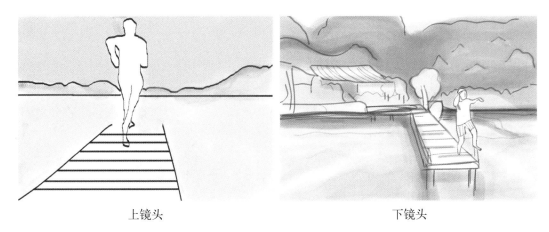

上镜头　　　　　　　　　　　　　　　　　　下镜头

图7-1　同一时空内主体动作的剪接

（2）不同时空内主体动作的剪接

不同时空内主体动作的剪接是指主体不在同一场景、同一空间、同一时间内的镜头组接。不同时空内主体动作剪接的技巧很多，比较典型的是平行蒙太奇和交叉蒙太奇的剪辑。根据影片的主题表达需要，被摄主体可以在不同时空出画、入画，只要进行时空合理的镜头组接就可以，甚至还可以根据剧情需要延长或压缩时空，比如经典的格里菲斯"最后一分钟营救"。

在航拍中会经常展现不同地域空间的自然地理风貌，时间、地点、环境的不同，镜头呈现的便是不同时空的主体运动，这就要根据生活逻辑或影视语言逻辑进行不同时空主体动作的剪辑。除了航拍镜头的剪辑以外，也经常会将航拍镜头与传统地面镜头进行不同时空的主体动作剪接。

需要注意的是，不同时空内主体动作的剪接不仅要符合生活逻辑，还要留给观众一定的缓冲，否则很可能造成时空的混乱。

（3）相异时空内主体动作的剪接

相异时空内主体动作的剪接是指主体在一个大场景中的不同小场所里的镜头组接。相异时空内主体动作的剪接原则，通常是在一场戏的开头或者结尾镜头，主体动作入画、出画，而中间一系列在小场所活动的镜头根据主体动作的连贯性，主体动作不出画，也不入画，主体动作直接切换，画面简洁明快。所有的小场所的转换都是在大的环境空间发生的，这样剪辑的画面效果会动作连贯、情绪延续、节奏明快。

7.2.2　固定镜头与运动镜头的组接

无人机航拍善于拍摄各种运动镜头，但也需要注重拍摄一些固定镜头，为后期剪辑提供更多的镜头选择空间。航拍固定镜头与运动镜头的组接，主要可以分为静接静、动接动、静接动、动接静等几大类。在后期剪辑时，应根据主题或剧情的表达需要，通过景别、光影、色彩等画面造型元素的变化进行镜头组接，实现固定镜头与运动镜头之间的有机衔接。

（1）固定镜头与固定镜头的组接

固定镜头和固定镜头的组接俗称"静接静"。由于固定镜头的画框是静止不动的，在组接时要根据画面被摄主体动作，并结合画面造型元素进行镜头的组接。

第一种情况：上下镜头被摄主体不动，镜头不动。这种情况下，要特别注意通过景别、光影、色彩等画面造型元素的变化进行组接，否则画面会"跳"，剪接不流畅（图7-2）。

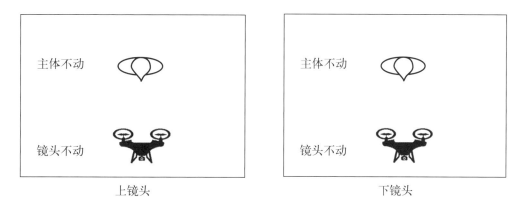

图7-2　主体不动、镜头不动的组接示意图

第二种情况：上下镜头被摄主体动，镜头不动。镜头组接时，主要根据上下镜头主体动作衔接的连贯性，并结合画面的造型元素，选择剪接点（图7-3）。

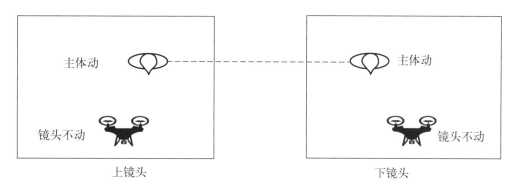

图7-3　主体动、镜头不动的组接示意图

第三种情况：上下镜头不动，其中一个镜头的一个主体动，另一个镜头的主体不动。剪接时，应在上一个镜头被摄主体动作完成后，与下一个镜头被摄主体不动的镜头相组接，并根据剧情需要，确定两个镜头的留用长度（图7-4）。

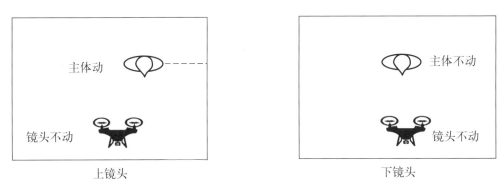

图7-4 镜头不动、主体一个动一个不动的组接示意图

（2）运动镜头与运动镜头的组接

运动镜头和运动镜头的组接也叫作"动接动"。镜头剪接时，可以采用主体动作与镜头运动相结合的方式，呈现动作的连贯性。

第一种情况：上下镜头被摄主体动，镜头动。这种运动镜头的组接主要是在动中剪、在动中接，充分考虑镜头内被摄主体运动的有机衔接，同时兼顾镜头运动的方向、速度，以及景别、光影和色彩的变化（图7-5）。

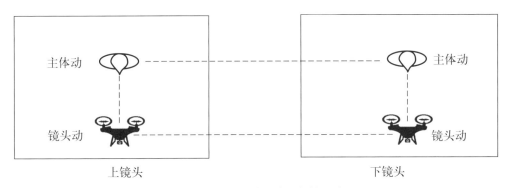

图7-5 主体动、镜头动的组接示意图

第二种情况：上下镜头被摄主体不动，镜头动。这种运动镜头的组接要在镜头运动中切出切入，主要根据运动镜头的速度快慢、方向，并结合景别、光影、色彩等画面造型元素选择适当的剪接点（图7-6）。

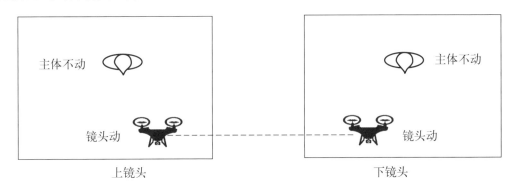

图7-6 主体不动、镜头动的组接示意图

第三种情况：一个镜头的被摄主体动，一个镜头的被摄主体不动，而镜头都在动。这种运动镜头的组接要以被摄主体动的镜头为主，在主体动时切入，或者在主动动作完成后切出，再结合镜头运动速度的快慢和画面造型元素等进行镜头组接（图7-7）。

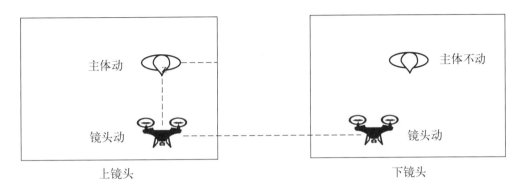

图7-7　主体一个动一个不动、镜头动的组接示意图

（3）固定镜头与运动镜头的组接

固定镜头与运动镜头的组接属于混合交叉式的镜头组接，应根据镜头内主体动作的动势与镜头运动的情绪节奏，采用"静接动"或"动接静"的不同剪辑方法。

第一种情况：一个镜头主体、镜头都不动，另一个镜头主体、镜头都在动。在这种混合镜头组接时，如果是上镜头主体、镜头都在动，那么镜头组接应从被摄主体动作完成后切换，再结合镜头运动来组接下一个固定镜头；如果是下镜头主体、镜头都在动，那么固定镜头在接下镜头时应从被摄主体动作动时切入（图7-8）。

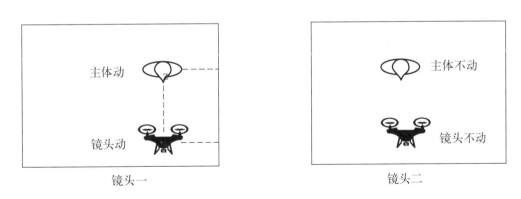

图7-8　主体动、镜头动组接主体不动、镜头不动示意图

第二种情况：一个镜头主体不动、镜头动，另一个镜头主体动、镜头不动。在这种混合镜头组接时，主体动作要与镜头动作相匹配，如果是上镜头主体动、镜头不动，那么镜头组接应从被摄主体动作完成后切换下一个镜头运动；如果是上镜头主体不动、镜头动，那么下一个镜头组接应从被摄主体动作动时切入（图7-9）。

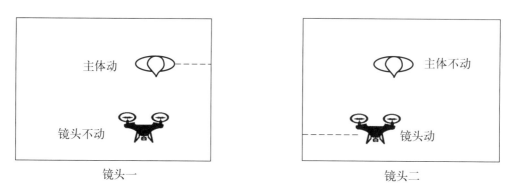

图7-9　主体动、镜头不动组接主体不动、镜头动示意图

第三种情况：一个镜头主体、镜头都在动，另一个镜头主体动、镜头不动。在这种混合镜头组接时，应以主体动作为剪辑的主要着眼点，注意上下两个镜头主体动作的匹配，并配合一个镜头运动的速度和方向进行组接（图7-10）。

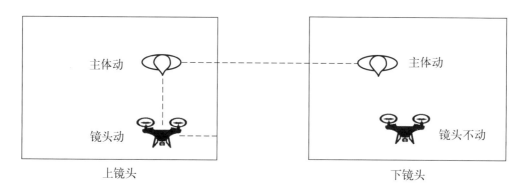

图7-10　主体动、镜头动组接主体动、镜头不动示意图

第四种情况：一个镜头主体不动、镜头不动，另一个镜头主体不动、镜头动。这种交叉镜头的组接则应以镜头运动作为剪辑的主要着眼点，注意从镜头动作动时切入，或者从镜头动作停止后切换（图7-11）。

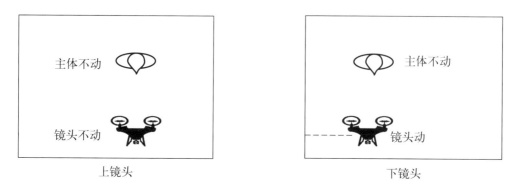

图7-11　主体和镜头都不动组接主体不动、镜头动示意图

7.2.3 光影变化与色彩过渡的衔接

光影和色彩是航拍影像的重要造型元素，是表达主题、抒发情感的重要表现方式。在航拍影像作品的后期剪辑中，通过光影的明暗变化以及冷暖色彩的有机过渡进行镜头的衔接，能够赋予作品独特的视觉感染力。

（1）通过光影明暗对比来衔接镜头

无人机航拍大多在自然光下拍摄，因此对捕捉光影的自然变化有着近乎天然的极致追求。在光影的处理上，明亮调的画面与灰暗调的画面组接在一起，属于光影的两极镜头剪辑，是表达特定情绪的重要表现手段。在航拍影像的后期剪辑中，将明亮镜头和暗淡镜头进行组接，画面对比会形成强烈的反差，从而产生强烈的视觉冲突效果。

（2）通过光影与色彩结合来衔接镜头

借助光影的变化和色彩的搭配进行镜头组接，具有很强的比喻和象征作用，结合解说、旁白、音乐等声音元素，能够烘托画面主题，塑造主体形象。这在航拍作品中是一种常见的镜头剪辑方法。例如纪录片《鸟瞰中国》在展现万里长城时，就采用了光影与色彩相结合的镜头组接方式，阳光下的万里长城蜿蜒曲折，在解说讲到"上下两千年，纵横十万余里"时，将万里长城的远景运动镜头与树叶透下来万丈光芒的镜头衔接在一起，营造出独特的审美韵味，凸显万里长城的宏伟壮观。

（3）通过冷暖色调过渡来衔接镜头

在航拍作品中，采用冷色与暖色过渡进行镜头组接，常用来表现某一场景春夏秋冬的季节变化或日转夜的时间更迭等。这需要摄影师在前期航拍时有意识地通过轨迹延时的拍摄手法，拍摄不同时段、不同季节的相同轨迹的素材，后期剪辑时将其进行叠化，可以呈现四季变化、日夜更替等视觉效果。

7.2.4 无技巧转场

影片场景与场景之间的过渡或转换叫作转场。无技巧转场是用镜头自然过渡来连接上下两段场景，强调视觉的连续性，因此需要寻找合理的转换因素和适当的造型因素，为合理转场做好铺垫。需要指出的是，所有的无技巧转场镜头都需要提前设计并完成相应的拍摄。无技巧转场的方法很多，可以通过拉片等方式去研究性观摩一些无技巧转场的方式。这里主要介绍几种航拍常用的无技巧转场方式。

（1）遮挡镜头转场

遮挡镜头是指画面上的运动主体挡住了镜头的视线，或者镜头在运动过程中不断逼近遮挡镜头视线的物体，进而形成视线被遮挡后自然转场的切换效果。在航拍中，经常会找一些前景如建筑、树木、云层等来遮挡镜头，通过无人机平移或推进，让前景遮挡画面的其他形象，换到下一个场景时从建筑、树木等后平移或拉出来，将下一个场景的画面展现出来，实现遮挡镜头的转场。

（2）天空转场

无人机在航拍一个场景时，抬起云台，直到画面全是天空，换到下一个场景后，让云台从天空下摇到后面的场景，这就是天空转场。在前期航拍时，如果积累了天空留白区域、天空颜色比较相似的两个镜头素材，且两段航拍素材的镜头动势相互匹配、镜头焦段基本保持一致，后期剪辑的时候也可以借助两段素材共有的天空成分，通过后期技巧模拟完成天空转场。

（3）相似关联物转场

最常见的相似关联物转场是上下镜头具有相同或相似主体的镜头转场。其典型特征是主体不变，但场景不断转换，故此可以把这些镜头剪辑在一起，实现同一主体在多场景下的自然转场。

相似关联物转场还可以利用镜头中物体的形状相近、位置重合，或者在运动方向、运动速度、色彩等方面一致，并利用这些镜头之间的相似性关联进行转场的剪辑，实现顺畅转场的画面效果。总之，巧妙运用上下镜头的相似关联物转场，符合人们的视觉感知规律，从而在视觉上更加连续，转场也就更加顺畅。

（4）飞跃镜头转场

飞跃镜头是从一个场景的上方飞跃过某些视觉遮挡物后，进入下一个场景的航拍镜头。当无人机距离视觉遮挡物比较近时，会产生飞跃的视觉感受，而且当无人机在飞跃视觉遮挡物之后，一个新的场景进入画面，会让观众产生别有洞天的视觉冲击力。因此，飞跃镜头可以自然顺畅地从一个场景转换到新场景。例如，无人机航拍飞跃一座山头，镜头展现出山间的一座建筑物，由此展开另一个场景的故事讲述。

（5）两极镜头转场

两极镜头转场是利用前后镜头在景别、冷暖色调、动静变化等方面的巨大反差和对比来组接镜头。两极镜头转场具有明显的段落间隔，比较适合大段落的转换，属于镜头跳切的一种。

（6）空镜转场

空镜转场是借助空镜头作为两个大段落之间的转场，可以顺畅地引出下一个场景，起到承上启下的作用。空镜头可以是田野、天空、群山等以景为主、物为陪衬的镜头，也可以是以物为主、景为陪衬的镜头，如街道上的汽车或建筑雕塑等。

7.3 / 航拍影像后期调色技巧

为什么要调色？首先必须明确的是，后期调色是视频制作中不可或缺的一环。由于航拍的色彩模式如Raw、Log和Rec.709中，通常大多选择使用Log模式拍摄视频素材，以便给后期调色留有较大的空间，这就需要对灰蒙蒙色调（低对比度、低饱和度）的素材进行色彩还原。更高层面的是，后期调色是为了通过色彩调整，来更好地服务于影片叙事和影片主题的表达。为了理解航拍影像的调色，有必要先对色彩的数字化有深入的认知，所有的调色处理本质上都是对这些色彩数据的调整。

Raw、Log和Rec.709

Raw的意思是"生的、未经加工的"，指通过感光器件CCD或CMOS将光信号转换成数字信号的原始数据，必须经过特定的转换流程才能成为看得见的影像。Raw影像几乎无损压缩，画质基本上没有损失，而且在后期处理中有非常大的调整空间，但缺点是数据量巨大，在数据存储、传输和处理等方面需要占用大量的资源，所以主要应用于高要求的影视广告或电影拍摄中。

Log是根据人眼对亮度感知的非线性特点，运用Log对数曲线获得低压缩、高动态范围的视频模式。因其能够节约有限的存储和计算资源，并且在后期处理过程中保有较大的灵活空间，而被广泛地运用于各种影视创作中。但Log影像画面对比度低、颜色灰，需要对应Log文件的LUT（Look-Up Table）来进行色彩还原，或者在后期进行手动调色。

Rec.709是国际电信联盟在1990年发布的高清数字视频标准，用来规范不同设备厂商的一种色彩标准。由于其画面"所见即所得"的直出特点，后期调整空间虽然相对较小，但制作效率高，所以一般应用于新闻纪实或直播类的节目中。

7.3.1 / 色彩的数字化

众所周知，后期调色是通过计算机对素材画面的色彩数据进行调整的过程。那么色彩是如何数字化为影像数据的呢？接下来，让我们了解一下色值、CIE色度图、色彩空间、色域等一系列与色彩数字化紧密关联的概念。

（1）色值

色值指的是一种颜色在某个颜色模型中所对应的颜色值。这里的颜色模型是用一组数值来描述颜色的数学模型，比如常见的RGB颜色模型。为了描述人所感知的"色彩"，RGB颜色模型通过三维坐标系来表达，红色（Red）对应X轴，绿色（Green）对应Y轴，蓝色（Blue）对应Z轴，采用光学加法混色的方式就形成了一个$256 \times 256 \times 256$的RGB立体模型。其中每一个颜色点都对应这个模型中的一个特定点。

在RGB颜色模型中，红色所对应的色值就是R（255，0，0），绿色的色值是G（0，255，0），蓝色的色值是B（0，0，255）。也可以用十六进制的HEX格式来描述，比如红色为#FF0000，绿色为#00FF00，蓝色为#0000FF。

除了RGB颜色模型的色值表述方式以外，还有其他一些常见的颜色模型如HSL，即色相（Hue）、饱和度（Saturation）、明度（Lightness）。RGB色值可以转换成HSL来表达，比如把RGB（255，128，0）转换成HSL，就是HSL（30%，100%，50%）。

（2）CIE色度图

图7-12　CIE色度图

RGB颜色模型总共有$256 \times 256 \times 256 = 16777216$种颜色。当然，这是理论上的数量。实际上，一般的显示设备通常无法显示这么多的颜色，而且面对同样的色值参数如RGB（255，180，128），也可能会出现不同显示设备的颜色看起来不一样的情况。例如，手机屏幕色彩通常会比电脑屏幕色彩更艳丽。为此，需要制定一种与设备无关的颜色模型，让色彩能够被准确定义。1931年国际照明委员会（CIE）基于人类肉眼的可视色彩范围创建了一个标准的色彩空间，也就是CIE色度图，如图7-12所示。

（3）色彩空间

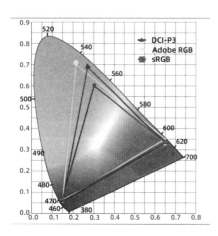

图7-13　色彩空间

就目前的显示技术而言，并不能显示所有的可视色彩，不同的显示设备都只能展示可视色彩中的某一部分。通过上面的内容我们知道，一个显示设备所能表现的色彩丰富程度取决于它所能显示红、绿、蓝三基色的极限。因此，由RGB三个点组成的三角形，就是该设备所能表现的全部色彩的区域，我们称其为"色彩空间"。所有的色彩空间都是"可视色彩空间"的子集。为了使摄录设备和显示设备所呈现的颜色一致，一些厂商基于"可视色彩空间"开发了不同的色彩空间，通俗地说，就是在CIE色度图中圈出部分颜色来存储和显示。sRGB、Adobe RGB和DCI-P3是目前较为主流的色彩空间，如图7-13所示。

（4）色域

在日常生活中，我们通常会用"色域"一词来指代"色彩空间"，但更准确来说，"色域"是指一个显示设备所能显示的色彩范围在某个"色彩空间"中所占的百分比。比如说一个显示器的色域是90% sRGB，指的是这个显示器能显示出的色彩在sRGB色彩空间中占了90%的面积。在同一色彩空间里，色域越高的显示器，所能显示的色彩范围就越广，色彩还原度就越高。前面我们提到的同一个色值在不同的显示设备上看起来颜色不一样，主要是因为它们的色域不同，只能呈现自己色域内的色彩。

（5）显示器校色

后期调色要确保色彩的精准显示和还原，需要配置一台专业显示器，因为影像行业对色彩的还原度和准确性有着更高的要求。由于显示器的工作温度、使用时长和光源性能的衰减等因素，会导致色彩的显示出现色差问题，所以一般要对显示器进行定期校色，否则后期调色容易出现色彩偏差。一般而言，显示器校色主要有以下两种方法。

一是软件校色，通过电脑操作系统自带的颜色校准工具或者一些专门开发的校色软件工具来校色。这种方法只要按照颜色校准工具的步骤，一步一步地调整到感觉正确的效果就好，这非常考验操作者的专业性。这种方法容易受到个人主观判断的影响，很难准确地实现显示器的颜色校准。

二是硬件校色，使用校色仪对显示器进行色彩空间的矫正管理。用校色仪校色，不仅可以让显示器的校色更加准确，还可以生成ICC校色文件为显示器做色彩映射，便于进行色彩管理。

7.3.2 调色基础

显示器的校色相当于调色的准备工作，正确的色彩显示是后期调色的基础。接下来，调色师就需要选择合适的调色工具，掌握调色工具的使用逻辑，并根据调色流程完成调色。

（1）调色工具

工欲善其事，必先利其器。操作简便、功能强大的专业调色软件，能够让调色师在处理航拍素材时更加得心应手。目前可供选择的专业后期调色软件越来越多，一些视频图像处理软件（Premiere、Final Cut）也在新版本中增加了专业调色功能，其中DaVinci Resolve（达芬奇）因专业度高、易于操作等优点在业内颇具口碑，成为众多软件中的首选。

（2）调色流程

通常情况下，在完成航拍镜头的后期剪辑后，就进入了后期调色环节。一般来说，调色流程分为一级调色和二级调色。

一级调色着重于对画面整体的调整。这个阶段主要涉及的操作包括校正白平衡、修正偏色、调整曝光等，主要目的是使画面整体色彩还原。

二级调色着重于对画面局部的调整。这个过程主要包括调整特定对象或特定区域的明暗层次，精修人物肤色等。其主要目的是凸显画面的重点，刻画画面细节，突出并强化影片的风格。

需要说明的是，在实际调色操作过程中并不一定完全遵循上述调色流程，只要具备明确的调色思路，最终的调色结果能够达到预期要求即可。

（3）节点逻辑

运用达芬奇软件调色，先要理解和熟练掌握达芬奇软件的节点逻辑。达芬奇软件的调色操作都是在节点上展开的，根据需要可以建立多个节点，每个节点中可以包含一个或多个调色操作，这些节点就相当于调色的整个流程。用烹饪的例子来解释节点逻辑最为形象，烹饪时烧热放油、食材下锅、添加调味品等步骤就类似于调色操作节点，每个步骤的操作顺序、火候和调味品的多少等都会影响到菜品最终的味道。因而调色工具使用的顺序、调节的参数都会影响最终的画面效果。节点逻辑的优点在于每一个调色操作都能独立出来，以便观察这个操作所产生的影响，有助于寻找问题所在并给予相应的修正，以达到想要的色彩效果。需要提醒的是，节点并不是越多越好，以尽可能少的节点实现最佳效果，才是高效调色的最优路径。

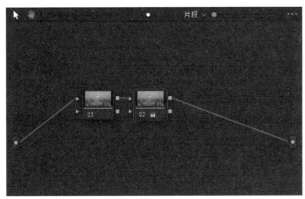

图7-14　串行节点

达芬奇软件的节点分为串行节点、并行节点、图层节点、外部节点等。调色中最常用的是串行节点、并行节点以及图层节点。

串行节点，顾名思义就是两个调色操作在同一条线上，有先后顺序之分，后一个调色操作是在前一个调色操作形成的画面效果基础上来进行的，如图7-14所示。

并行节点则跟串行节点刚好相反。并行节点能够将几个调色操作并列，并使它们之间互不干扰，常用于二级调色时对局部画面进行单独调色，如图7-15所示。

图层节点与并行节点类似，但不同的是，图层混合器节点拥有Photoshop一样的图片层级关系，下面的层级比上面的高，几个并行的调色操作所产生的结果可以进行叠加。

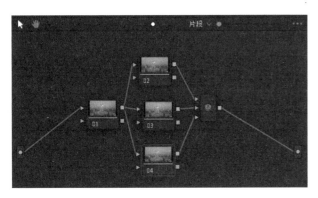

图7-15　并行节点

（4）稳定处理

由于无人机自身的稳定性仍然存在一定的局限，航拍操作及大风等因素都可能导致航拍画面不稳，这时就需要借助达芬奇软件的稳定器模式，对视频进行防抖处理，保证调色前素材可用。在达芬奇软件的"跟踪器"面板，选择"稳定器"选项，随后调整面板下方的裁切比率、平滑度、强度等参数，调整好后单击"稳定"按钮就完成了防抖操作，在预览窗口中点击播放即可查看稳定效果。需要注意的是，裁切比率数值越大，对画面的裁切就越多，损失的信息也越多，但裁切多往往稳定效果会相对好一些。所以在设置裁切比率时需要综合考虑，在画面稳定和质量之间进行适当的取舍。

（5）降噪处理

在光线不好的情况下航拍时，尤其是夜间航拍，会发现画面有颗粒感，这就是通常所说的噪点。噪点的存在会使画质降低，影响航拍影像的清晰度，因而降噪也是正式开始调色前极为重要的一步。

达芬奇软件中用于降噪处理的板块称为"运动特效"，由三部分组成，如图7-16所示。其中，运动模糊板块很少使用；时域降噪是结合前后帧进行计算处理的，能够消除帧与帧之间的噪点抖动；而空域降噪只针对单帧画面进行处理，可以使当前帧画面更流畅。一般情况下，我们都会先利用空域降噪对单帧进行一个基础的处理，然后再利用时域降噪消除帧与帧之间的抖动。

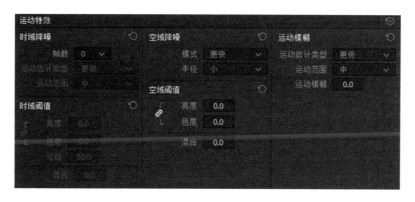

图7-16　"运动特效"板块

时域阈值和空域阈值都包含亮度和色度调整选项。这二者相关联时，调整一个参数，另一个参数也会一起发生变化；不相关联时，则互不干扰。亮度降噪数值设置太高，会消除部分图像细节；色度数值设置太高，会损失色彩细节。二者下方的混合数值是用来控制降噪的强度，与"透明度"效果同理。另外，时域降噪部分的"帧数"是指前后结合的帧数，通常设置为2。"运动估计类型"可以根据运动物体的速度选择更快、更好或者更强效果。"运动范围"就是字面意思，根据运动物体而定。空域降噪部分的"模式"和时域降噪的"运动估计类型"类似。"半径"即降噪效果的范围大小。通过调整上面这些参数，基本可以解决绝大部分素材的噪点问题。

为了更直观地观察降噪功能作用的范围，在调整相关参数前，我们还可以打开监视器左上角的"突出显示",然后再点击监视器右上角的"A/B"。调整前,画面将呈一片灰色;调整后,灰色部分显现出的图像就是降噪功能作用的范围。

7.3.3 调色思路的确立

了解调色基础只是调色工作的开始,确立调色思路才是调色工作的核心。要清楚的是,调色不仅仅是一门技术,更是一门艺术。学会调色技术并不难,难的是对色彩学的理解和对影片风格的确定。因此,如何分析画面问题、构建调色思路,相比于调色软件的操作教学更具意义,而调色思路的确立主要围绕影调与色彩两大要素进行。

（1）影调

影调是指画面的明暗层次、虚实对比和色彩的色相明暗等之间的关系。不同类型影调的调性是截然不同的,塑造航拍影像风格时需要选择合适的影调来辅助画面故事感的呈现,而对于影调的调整一般需要在辅助性工具——示波器的帮助下完成。

① 示波器 人类肉眼在影像中感受到的立体感（也可以说是体积感）,主要是明度的差别带来的。如图7-17的三个正方体,只有当三个面的明度有明显差异时,物体看起来才是三维的。由此,人们引入灰阶这一概念表示最暗到最亮之间不同亮度的层次级别,层级越多,所呈现的画面效果也就越细腻。灰阶范围则是指画面中最暗部分与最亮部分之间的变化。画面的灰阶范围通常划分为三个部分,即阴影部、高光部和中间调,分别对应画面中最暗的部分、最亮的部分以及介于两者之间的部分。以图7-17中第三个正方体为例,高光部、阴影部、中间调分别对应正方体的1、2、3面。

图7-17 影调变化

单纯依靠肉眼判断画面的明暗分布并不现实,但由于Log模式的航拍影像直出画面通常发灰,矫正影像灰阶范围是我们首先要处理的环节。那么如何保证我们所观察到的画面灰阶的准确性呢?达芬奇软件中的示波器能够很好地解决这一问题。示波器能够将肉眼看不见的电信号变换成看得见的图像,换言之,它能够将画面的明暗信息转换为图像中的具体数据,为判断画面灰阶提供客观依据。达芬奇软件中示波器类型丰富多样,比较常用的是波形图和直方图。

波形图:波形图底部代表纯黑,顶部代表纯白,展现的是各个像素的亮度,通过观察波形图上图形位置,能够判断高光和阴影合适与否。以图7-18为例,下方波形主要在底部,说明画面像素亮度主要集中在偏黑的部分,画面中存在大量阴影,且由于暗部波形靠底端呈直线分布,这表明画面中阴影部分偏纯黑,缺乏细节。

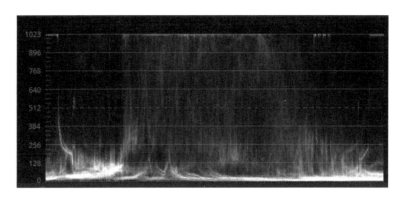

图7-18   波形图

直方图：达芬奇软件的直方图中共有红、绿、蓝三基色的三个颜色通道，每个颜色通道显示的是画面中该颜色像素的数量分布，横轴表示亮度值，从左到右由最黑变为最亮。某个亮度值的波形越高，说明这个通道在这个亮度上的像素数量越多。因此，直方图不仅可以用来快速判断画面曝光，也可以用来判断画面偏色情况。以图7-19为例，三个通道的波形都集中在左边，说明画面整体偏暗，其中红色、绿色通道波形面积较大，根据三原色叠加原理，红色+绿色=黄色，可以分析得出画面整体偏黄、偏绿。

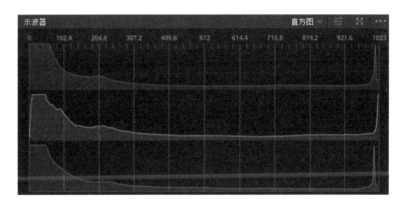

图7-19   直方图

② 影调调整   有了示波器的支持，可以直观地观察到航拍影像的明暗分布，从而矫正画面的灰阶范围，完成对画面影调的调整。一般情况下，对航拍影调调整的要求为准确曝光和刻画细节，主要是还原画面色彩。此外，出于风格化需求，也会对画面影调进行一些特殊处理。

影调还原：理想状态下，航拍画面应当呈现出丰富的明暗层次，但由于天气以及航拍摄像机成像质量的自身限制，通常航拍直出画面缺乏反差和层次。因此，调整航拍画面的影调可以先从提高反差入手，按照先阴影后亮部的顺序来进行调节。需要注意的是，在调节亮部时要避免溢出，通常表现为示波器上的波形在顶部被压成一根水平粗线；反之，在调节阴影时要避免挤压，即避免波形在底部被压成水平粗线。无论溢出还是挤压，都会导致这些区域的画面信息或细节缺失。

　　阴影和亮部的调整基本上是根据其各自的最大值来进行的，而画面的总调子需要通过中间调来实现。中间调的调整主要依据个人感觉而定，如果希望获得更多暗部细节则调高中间调，如果想让暗部细节少一些就下调中间调。

　　观察图7-20波形图可以看出，该图像素亮度较为集中，缺乏高光与阴影的对比。故而需要根据上述步骤首先下调阴影，再上调高光，制造对比；然后观察暗部，细节不用呈现太多，故而将中间调下调些许，最终得到图7-21。

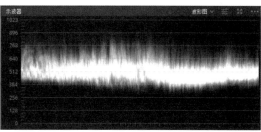

图7-20　南京钟山风景区航拍图片及其波形图

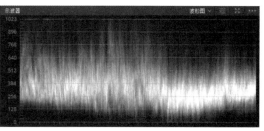

图7-21　调整影调后的航拍图片及其波形图

　　影调风格化处理：所谓影调的风格化处理，即运用不同的影调类型来渲染不同的氛围，以达到航拍影像的风格化需求。根据画面影调主要集中的区域，可以将影调分为以下三种：画面影调主要集中在亮部称为高调；画面影调主要集中在暗部则称为低调；画面影调集中在介于亮部和暗部之间的部分称为中调。另外，影调也可以根据亮部到暗部的长度来划分。若画面影调从亮部到暗部均有分布，即为长调；若画面影调长度为亮部到暗部长度的二分之一，则为中调；若画面影调仅集中在暗部或亮部等局部区域，则为短调。高调、中调和低调，与长调、中调和短调两两组合，就产生了九种类型的影调（表7-2）。

表7-2　九种影调类型

	低短调
低调	低中调
	低长调
	中短调
中调	中中调
	中长调
	高短调
高调	高中调
	高长调

以图7-22为例，图片影调为低长调，画面中灰黑色占据了大部分面积，雪景的亮度偏低，略显脏，整体氛围偏压抑、凝重。若要使画面变得朦胧、梦幻，就要将其影调改为高中调。一方面调高图片的高光部分，使雪变得通透；另一方面调高图片阴影部分数值，去除画面中大面积黑色带来的沉重感。这里需要控制画面亮部与最暗部的分布仍为示波器上最亮部到最暗部长度的二分之一，最终得到如图7-23的效果。

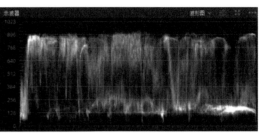

图7-22　雪景航拍照片及其波形图

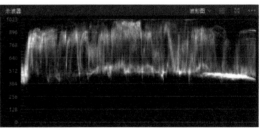

图7-23　调整影调后的雪景航拍照片及其波形图

对于不同影调表达的不同情感和气氛，还需在日常生活中多观察、积累，以便更快速、高效地判断自己的航拍影片适宜的风格及其对应的影调类型。

（2）色彩

航拍影像不仅是光影的艺术，也是色彩的艺术。对比强烈的配色能够造成强烈的视觉冲击，在瞬间迅速抓住观众眼球；和谐统一的配色给人以温和、协调的视觉享受。总之，完美的航拍影像作品离不开对航拍影像色彩的调整，具体包括色彩平衡、色彩调整两部分内容。

① 色彩平衡　航拍影像常常会因摄像机的自动白平衡或参数设置错误，以及自然光的色温变化，造成画面偏色。这就需要调整色温参数，以平衡画面色彩。

了解达芬奇软件中如何平衡色彩前，有必要对白平衡进行一些说明。白平衡是指红、绿、蓝三基色混合生成后的白色平衡指标，最通俗的理解就是让白色所成的像依然为白色。现实生活中受光源色温的影响，白色会呈现出光源的颜色。由于人眼具备独特的适应性，所观察到的白色被认为是"白色"，但由于相机传感器不具备这样的功能，就需要根据现场的色温条件设置对应的色温数值，使拍摄出来的白色是准确的白色。

在达芬奇软件中可以通过"色轮"面板的"色温"按钮，手动输入参数或者拖动转轮，还原图像色彩。需要指出的是，画面偏色有时也是表达的需要。比如在日出或日落的时候，我们希望天空的橘黄、橙色调尽量浓郁，从而凸显日出或日落时的美妙的氛围感。但是，如果白平衡为自动设置，拍摄出来的画面色温会比较平淡，并不是我们理想的画面效果。而通过后期调节色温，可以实现我们的预期。

② 色彩调整　调整完画面白平衡后，画面色彩只是得到了更好的还原，但这不意味着画面能给人带来视觉美的享受，因此我们通常还需要对画面的整体色彩和局部色彩进行一些相应的处理。也就是说，对画面整体色彩进行控制是为了让画面色彩浓淡适宜，符合画面场景所需的氛围感；而局部色彩控制主要是为了突出主体，处理突兀或者不明显的景物，使细节与整体相得益彰。

整体色彩调整：在对航拍画面的整体色彩进行调整时，主要是处理色彩饱和度与色调。

一般情况下，航拍影像直出画面常常看起来比较淡，也就是色彩饱和度不够。饱和度是指色彩的鲜艳程度，由颜色的波长决定。简而言之，色彩亮度越高，颜色越淡；反之，颜色就越重，最终表现为黑色。经过上一环节对航拍影像影调的调整，其饱和度会有所提高，此时根据观察酌情提高饱和度即可。需要注意的是，色彩过度饱和的画面会产生一种"廉价感"，降低航拍影像质感。以调整好影调的图7-24上图为例，将这张航拍图片的色彩饱和度数值从50提高到75，突出浓郁的秋日感，得到下面的效果。

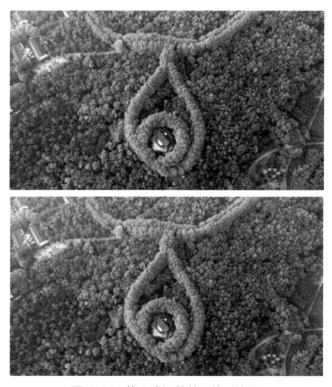

图7-24　饱和度调整前后的对比图

前文中提到，有时会设置一个特定的色温来使画面"偏色"，从而达到塑造某种风格的目的。实际上，RGB混合器也是调色中常用的"偏色"工具，通过更改红、绿、蓝三个颜色输出通道的颜色输出量，可以改变画面色调，使画面红色调增多、绿色调增多或蓝色调增多。例如，增加红色通道的颜色输出，可以使黄昏时刻的夕阳更加色彩绚丽；增加绿色通道的颜色输出，常用来增强画面的年代感与陈旧感；增加蓝色通道的颜色输出，常用来刻画夜晚的灯火璀璨。图7-25的上图主要是大面积的森林，如果希望增加森林中树木的红橙色调，打造满山"火树红花"的景象，可以在RGB混合器中上调红色通道的颜色输出，得到图7-25下面的效果。

图7-25　增加红色输出前后的对比图

局部色彩调整：细节决定成败，调色亦如此。尽管有时两个画面在整体色彩上几乎一致，但在细节上的精细化处理程度不同，会使二者的画面有云泥之别。因此，局部色彩调整也是调色中不可或缺的重要环节。在局部色彩处理部分，重点介绍经常遇到的两种局部色彩处理情况。一是需要对选定区域的亮度、色调或者色彩饱和度等参数进行调整；二是需要对特定色彩的颜色、亮度以及饱和度等参数进行调整。

选定区域调色是指针对画面"美中不足"的区域进行局部调整。要选定区域进行调色，首先要观察图像，确定需要调整的区域，然后借助达芬奇软件的选区技术工具如蒙版工具框定选区，最后再调整相应的色彩参数。

图7-26上图的画面中，我们可以直观地看到图像左上角明显亮于画面整体，有过曝的倾向，所以需要降低这个区域的亮度，增加阴影，制造明暗对比，使它和画面整体一致。

在达芬奇软件中选择一个方形蒙版，并根据需要调整形状，接着按照上述内容制造对比。调整完影调后，发现其色调有点偏绿，和整体不一致，故而增加该区域红色通道的颜色输出，最终得到图7-26下面的效果。

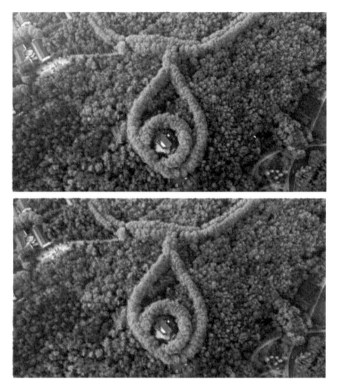

图7-26　选定区域调色前后的对比图

选定色彩调色指对画面中特定颜色区域进行色彩调整，从而让画面协调一致，目的是让画面的色彩更加和谐。这里需要运用到第3章中的色彩知识，在进行调色之前，首先要根据互补色、对比色、相似色等原理进行画面色彩配置，确定特定颜色区域所要更改的颜色，然后再进行相应的操作。

图7-27上图的画面整体是红、橙、黄、绿这几种近似色，饱和度较高的蓝色房顶出现在图中就看起来有些突兀。所以，根据相似色原理，可以将房顶改为这几种近似色中的一种。这里为了将房顶与周围一圈的橙黄色树木作出区别，考虑将房顶换为绿色作为示例。运用达芬奇软件中的"拾色器"工具吸取蓝色房顶，再调整吸取颜色的范围，生成蓝色房顶选区，而不影响其他区域的蓝色变化。最后利用色彩偏移色轮将颜色拨到恰当的绿色即可，得到图7-27下面的效果。

区域调色完成后，并不意味着影像调色工作就完成了。一部完整的航拍影像作品往往需要"总体—细节—总体"的反复调色过程，直到满意为止。当然，如果有时候时间紧迫，我们无法对每一个画面都进行非常细致的调色，通常会采取先套LUT，然后再对有问题的部分进行精修的方法，快速完成风格化调色。

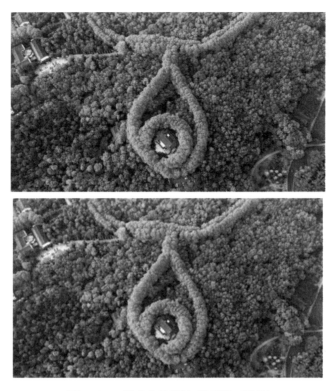

图7-27　选定色彩调色前后的对比图

▶【LUT和滤镜的运用】

　　除了手动调色，还有一种更为便捷、快速的方式可以进行色彩还原和色彩风格化的方法：套用LUT和应用OpenFX面板中的滤镜特效进行调色。

　　使用LUT功能进行调色。LUT是Look-Up Table（颜色查找表）的缩写，以Log模式拍摄的航拍素材在进行后期调色时，可以用LUT套底来实现色彩还原，即只需将设备商开发的标准LUT套用到航拍作品中，就能实现这种快速转换。但LUT并不意味着可以一劳永逸。在实际调色过程中，可能同时存在多种机器拍摄的素材，不同设备拍摄同一场景的画面色彩也会存在较大的差别，这时如果机械地套用LUT并不能得到一个整体风格一致的画面。所以，使用LUT套底之后，仍然需要二次调色。

　　使用OpenFX面板中的滤镜特效进行调色。通过视频滤镜不仅可以修正视频素材的色彩，还可以获得各种各样的视觉效果，使制作出来的视频更具表现力。达芬奇软件中也有内嵌的滤镜，位置在特效库中的OpenFX板块。使用方法很简单，只需点击想要的滤镜，拖拽至节点面板的节点中，就能应用该滤镜。执行操作后，即可在预览窗口中查看应用效果。相较于风格化调色，OpenFX中的滤镜特效使用更为便捷，但毕竟滤镜特效不是为影片定制的，所以还是需要多学习风格化调色的色彩学知识，在实践中不断总结调色经验，实现技艺的提升。

7.3.4 / 调色技巧

眼过千遍，不如手过一遍。后期调色，需要在实践中不断积累调色经验，熟练调色操作，以下是调色中较为常用的两种调色技巧。

（1）复制调色参数

快速将已经调好的调色参数应用到还未调色的视频片段或整个视频，是提高后期调色效率的重要技巧。

① 局部复制　一般而言，影像的后期调色位于后期剪辑之后，所以进入调色时，其视频通常是以片段形式呈现的。有时出于对不同片段渲染氛围的考虑，也会将视频剪辑为片段后再进行调色。当我们调好一个片段的颜色后，经常会遇到想将其调色设置应用到其他片段的情况，这时就需要进行调色参数的复制和局部应用。

② 整体复制　如果整个影片的色彩一致，或者只是做一个大致的调色效果示意，通常会采用将一个片段的调色效果直接应用到整个视频上的做法。此时，相比于局部复制调色，其应用对象为整段视频。

（2）跟踪调色

如果想要调色的对象处于不断运动当中，一帧一帧地进行调色虽然可行，但工作量太大，达芬奇软件的自动跟踪功能可以帮助快速解决这个问题。只需先选择一个调色对象形状的蒙版，然后利用达芬奇软件的跟踪器功能，达芬奇软件就会自动生成一个跟踪选区，所做的调色操作就能随调色对象的运动自动应用到相应的位置和范围。

▶【跟踪调色的注意事项】

　　针对RAW格式或者Log模式等后期操作空间比较大的航拍素材，可以将暗部适当拉亮来找回一些画面细节。

　　对于缺乏对比度的画面，可以通过将高光拉亮、暗部拉暗的操作来让画面立体感更强。

　　压低高光、减小对比度，能在亮度适宜的情况下使画面更加柔和。

　　当画面中出现大面积天空时，通常情况下需要压低高光，使画面达到平衡。

　　如果出现大面积高饱和度的颜色时，例如森林，可以通过调整白平衡将色彩还原。

　　如果暗部物体细节已经保留不多，例如山体，后期操作空间不够的情况下，可以直接将暗部拉暗，做成剪影效果。

第 8 章

无人机航拍安全：
安全飞行无小事

　　航拍圈内有这样一句话："每一位好的飞手都是站在一堆飞机残骸上的。""炸机"的情况屡见不鲜，从这句话中便可见一斑。随着各类消费级无人机"飞入寻常百姓家"，天空云集了越来越多的无人机，给低空带来了日益严峻的安全隐患。无人机航拍安全是个永恒的话题，减少"炸机"的风险，确保飞行安全，也应是飞手永恒的追求。与此同时，有关无人机"黑飞"被处罚的新闻报道也越来越多。那么，什么是"黑飞"？如何防范无人机航拍危险？如何应对飞行中的突发状况？本章我们将学习如何安全航拍，熟悉相关的无人机飞行法规、无人机航拍的危机预防与应急处理，以及无人机保养与携带的注意事项等。

 ## 8.1 / 无人机航拍作业的基本要求

随着民用无人机应用的日益广泛，无人机成为空中航拍的主要方式，由此引发的安全隐患也日益增多。具备无人机航拍的安全意识和法规意识，是无人机航拍作业的基本要求。

8.1.1 / 无人机航拍安全问题

安全是进行无人机航拍作业的第一要义，一切飞行都必须建立在安全的基础上。无人机航拍中若出现"炸机"事故，轻则造成财产损失，重则危害人身安全，甚至危害公共安全。

（1）造成财产损失

无人机飞行绝不是游戏，飞行过程中时刻面临着风险。飞手需学习飞行安全知识，掌握飞行技能，保持警惕，不可麻痹大意。一旦发生安全事故，一方面飞手需要承担个人财产的损失，另一方面如果因"炸机"损坏了他人或公共物品，还需要赔偿相应的损失。

（2）危害人身安全

无人机在飞行时，高速旋转的螺旋桨如同一把锋利的刀刃，如果不慎接触人体，轻则造成皮肤划伤、割伤，重则酿成人员伤亡事故。如果是功率大的无人机，其后果不堪设想。除了螺旋桨割伤外，由无人机撞击、自体"炸机"导致的坠毁也可能造成人身伤害；无人机从高空坠落到人群密集处，还容易导致群体性的砸伤事件。

（3）危害公共安全

无人机航拍一旦出现安全问题或者违规飞行，极有可能危害公共安全。比如，无人机"炸机"后坠落到交通工具上，则有可能引发交通事故，甚至有无人机坠落在炼油厂，或被吸入飞机引擎，则会导致严重的灾难性事故。

> 【无人机安全飞行的要点】

不要尝试危险的操控。安全地操纵无人机是拍摄的前提，也是保障。但光有飞行技术还不够，还需要建立安全操作意识，避免危险操作。如在恶劣天气中飞行，即便飞手技术纯熟，但强风之下，无人机也可能被风吹远，甚至导致失控和坠毁，这是技术难以弥补的。

选择合适的飞行地点。飞行应主动避开电塔、电站、高铁等强电磁地点，以免产

生磁场干扰，导致无人机失控。一旦失去控制，纵使飞手有着高超的飞行技术，也无济于事。

注意无人机的电能衰减。随着无人机不断爬升，受海拔高度的影响，无人机所处环境的气温降低，无人机的电能消耗会迅速增加，从而降低飞行时长和飞行速度。在高海拔地区以及寒冷地区操作无人机航拍时，需随时注意电压保护等装置的提醒，保证电池电量充裕，确保飞行动力安全。

8.1.2 / 无人机飞行法规

无人机航拍的一大特点是拥有俯视万物的"上帝视角"，成为无时不在、无处不在的另一只眼睛。这就要求无人机要严格遵守飞行法规，不进入飞行禁区，不飞入危险区域，不侵犯他人权益，不干扰政府公务活动。

（1）严格遵守飞行法规

随着无人机民用化应用领域的开发，无人机飞行、人员培训、证照签发、空域管理、培训资格管理及运行管理等一系列的法律规章制度不断完善，为无人机行业的有序发展提供了保障。我国关于无人机飞行的最新法规文件是国务院和中央军委正式公布的《无人驾驶航空器飞行管理暂行条例》，该条例自2024年1月1日起施行。各个国家对无人机都有具体的相关管理规定，这些规定有共通之处，也有很多不同，甚至有些规定是动态调整的。因此，无论是在国内还是出国航拍时，要提前了解并严格遵守所在国家的无人机航拍政策与法规。各个国家具体的无人机飞行法规，一般都可以在所在国家的航空管理局等官方网站查询，也可以通过一些无人机公司如大疆公司的官方网站进行了解。

（2）不进入飞行禁区

作为无人机航拍摄影摄像师，应对禁飞区和限飞区的划分了如指掌。禁飞区即禁止无人机飞行的区域，无人机不得在该区域内起飞，也不得由其他区域飞入禁飞区。限飞区则对无人机的飞行高度、速度有一定的限制，在该区域内飞行的无人机必须遵守相应的限制规定。在没有获得无人机飞行许可的情况下，在禁飞区域或限飞区域进行空中作业，属于"黑飞"行为，不仅会危害公共安全，而且还会触犯相关的法律规定，导致民事赔偿甚至刑事处罚等问题。

（3）不飞入危险区域

无人机只能在限定的空域中飞行，不可进入禁飞区，在未经许可的情况下不得飞入危险区、限制区等特殊空域，这是在法律层面上的明文规定。即便法律法规尚未明确规定，一些飞行安全隐患大的地方，如工程作业区域、极端地理环境区域、自然保护区域，还有城市大型活动场所、人群聚集的上空等，除非特定的工作需要，如新闻媒体报道，最好不要轻易进入这些区域进行航拍。这些区域一旦发生飞行安全事故，后果往往非常严重。

（4）不侵犯他人权益

无人机拥有多视角拍摄的能力，能够灵活地穿越城市低空，悄无声息地窥探和记录下他人的隐私信息，所以需要谨慎使用无人机航拍，以免侵犯他人隐私。需要说明的是，虽然目前使用无人机进行以肖像为主的拍摄行为较少，但只要拍摄的画面中存在人物，就不可避免地存在肖像权使用问题。无人机航拍应与其他拍摄一样，尊重他人的肖像权，因侵犯他人肖像权而造成损失的，应及时删除并给予赔偿。

（5）不干扰政府公务活动

目前，无人机在警用、消防、执法、测绘、植保、气象等政府公共服务领域的应用越来越普及并常态化。在政府部门的无人机执行公务时，无人机航拍摄影摄像师不得违规飞行，如果对正在执行政府公务的无人机作业造成干扰，会造成如耽误救援、紧急避让等重大事故。

8.2 / 无人机航拍的危机预防和应急处理

无人机在空中飞行随时有可能面临各种风险，需要进行相应的危机预防和应急处理。虽然大多数无人机内置了一些危急状况下的自动处置系统，但在必要的情况下仍需要人为的干预控制。这就需要掌握无人机飞行危机预防技能，掌握应对突发状况时的应急处理方法。

8.2.1 / 返航电量不足

返航时提示电量不足是无人机航拍中经常遇到的问题。电量不足会导致无人机自主进行迫降或是直接掉落，前者会因为难以判断迫降地点而丢失无人机，而后者往往是因为掉落而直接"炸机"了。造成这种情况的原因大多是无人机航拍摄影摄像师没有规划好飞行计划，或者为了追求极致的拍摄画面而贪飞，错估返航所需要的飞行时间和电池余量。

起飞前：应设置好低电量报警，并且设置一定的电量报警冗余。起飞前观察航线上的风向和风速也非常重要。如果去程是顺风，而返程是逆风，由于逆风飞行的电能消耗要大于顺风飞行，所以需要特别注意电池电量的分配，以确保能安全返回起飞点。

飞行中：应时刻关注无人机电量和风向、风速变化，适时调整飞行计划。当无人机的电量到达返程的"警戒线"时，应立即返航，不可贪飞。

危机处理：当无人机提示电量不足时，如果无人机飞得太远，无法返回起飞点，此时应该下降高度，边降落边返回，并观察周围环境，寻找具有明显标志物的安全降落地点。此时，可将无人机的镜头向下，用于观察和寻找相对平坦的降落地点。降落之后，应立即赶往现场，以免无人机丢失。如果对无人机降落的地点不熟悉，可通过无人机的飞行地图和无人机的图传画面来判断降落点，或者寻求无人机公司的协助，以便能更快地找到无人机。

8.2.2 / 遥控器信号中断

遥控器的信号传输强度受到飞行距离、飞行环境等多方面因素的影响。无人机与遥控器距离越远，信号强度就越弱，当无人机飞过了信号传输的距离限制时，遥控信号就会中断。飞行环境也会影响遥控信号传输，无人机穿梭于高大的建筑或者飞越高山之后，遥控器的信号可能被阻断而受影响。此外，如果飞到强电磁环境，遥控器的信号也会被干扰而中断。

起飞前：航拍摄影摄像师需要提前勘察飞行路线，避开强电磁区域，选择信号好的拍摄点，以免在建筑群、高山等复杂地域发生信号丢失。此外，建议提前设置好失控返航功能，避免遥控信号中断而无法操控无人机返航的尴尬状况。

飞行中：将遥控器的天线平行展开摆放，并让天线构成的平面和无人机的方向呈90°的夹角，此时遥控器的信号强度最大。很多无人机新手将天线的顶端对准无人机，以为这样的信号强度最大，实际上是错误的。此外，飞行时应尽量让无人机出现在视野范围内飞行，一方面距离较近，不容易出现信号中断的情况，另一方面也可以随时观察无人机的飞行姿态，以便出现危急情况时及时进行调整。

危机处理：遥控器信号中断分为两种情况，一种是操纵的控制信号中断，表现为拨动摇杆或按下功能键无人机无反应；另一种是图传信号中断，体现为遥控器接收不到无人机镜头的画面，屏幕画面冻结或黑屏。这两种信号的强度不一定相同，遥控器信号强度一般大于图传信号强度。如果仅是图传信号丢失，可以使用无人机的一键返航功能，让无人机自主飞往返航点。

如果是遥控器控制信号丢失或控制信号和图传信号双丢，那该如何处理呢？首先，确定天线位置是否处于信号最好的摆放方式，如果不是，调整天线的角度。其次，检查无人机与遥控器之间是否有物体遮挡，如果有，及时转移到信号好的位置。再次，尝试重启遥控器，观察是否能够连接成功。最后，如果以上方法皆无效，也不要慌张，只要无人机提前设置了失控自动返航，无人机在丢失了遥控器信号之后通常会自主返航。但是，如果没有设置自动返航，无人机长时间连接不上、遥控器没有信号，那大概率可以确定为"炸机"。

需要注意的是，如果是视距外飞行中遥控器信号丢失，切忌随意拨动摇杆，因为可能仅是图传信号丢失，而遥控操作仍有作用，此时拨动摇杆可能会使无人机撞上其他物体而"炸机"。

8.2.3 / 飞行时突遇大风

自然环境中的风并不是不变的，空中风力往往比地面风力要大，因地形环境的不同，环境风力也会有所差异。不同型号的无人机的抗风能力不同，无人机飞行中如果遇到超越其抗风能力的大风，将极有可能被大风吹翻掉落而"炸机"。

起飞前：起飞前应确认天气及现场风力情况是否适宜飞行。虽然难以直接感知到空中风力的大小，但可以借助地面风力作为重要参考，风力过大就不要起飞了，因为空中风力常常大于地面风力。

飞行中：风是一种不稳定的因素，即便是地面风力较小，起飞后也要时刻关注无人机姿态，尽量让无人机在视野范围内飞行，以便及时应对飞行中突遇可能的强气流。

危机处理：如果遥控器出现大风警告的提醒，或是无人机出现姿态晃动、无法悬停等情况时，应根据具体情况及时作出相应的危机处理。一是及时降低飞行高度，避开高空阵风，并持续观察无人机姿态，判断继续飞行还是返航。二是如果遇到持续性的大风，建议使用手动控制返航，不要使用自动返航功能。自动返航通常需要升高，而越高的空中风力一般越大，不利于安全返航；而手动控制返航可以在无人机出现姿态不稳定、漂移等情况时及时修正，顺利返航。三是如果风力极大无法保持稳定姿态返航，或是返航途中逆风飞行电池殆尽，可以参考"返航电量不足"的危机处理方法，观察图传画面，选择标志物明显、安全的地点立即降落，之后再去找回无人机。

8.2.4 / GPS无法定位

稳定的GPS信号对无人机飞行极为重要，丢失了GPS信号的无人机将无法实现稳定的飞行和悬停。GPS无法定位的主要原因可能是无人机所处区域受电磁干扰，GPS信号欠佳。

飞行前：要避免出现GPS无法定位的情况，首先应充分了解飞行区域，观察航线上是否有变电站、通信基站、高压线等，它们会对GPS信号产生遮蔽或干扰的效果。此外，在室内飞行GPS信号弱，定位也会失效。

飞行中：尽量在视距内飞行，不要让无人机靠近那些干扰GPS信号的物体，远离GPS信号弱的区域，寻找开阔地带飞行，以免GPS信号被遮蔽。当GPS信号丢失或GPS信号欠佳时，担心无人机丢失而着急操控无人机往回飞，并不是最好的解决方法，因为在返程途中GPS信号有可能越来越弱，甚至丢失。正确的做法是迅速拉高无人机，减少无人机周边物体对无人机GPS信号的干扰，以重新获取GPS信号。

危机处理：如果无人机飞行过程中GPS信号丢失了，一是应轻柔打杆。由于GPS信号丢失，无人机将自动转为姿态模式，这种模式下如果大幅打杆，容易导致机身的不稳定。二是保持对尾飞行。这种飞行方式更符合人们的操作习惯和视觉经验，操纵不易出现失误。观察图传画面，保持对尾飞行，参考电子指南针，慢慢飞出干扰区或返程即可。

8.2.5 / 夜间视距外飞行

夜间飞行由于光线过暗、视线不清，存在很大的安全隐患，夜间视距外飞行更是如此。在夜间光线微弱的情况下，无人机的视觉避障功能会失效，航线上如果有障碍物，无人机就有很高的"炸机"风险。

起飞前：由于夜间飞行的隐患很大，建议无人机新手不要轻易在夜间飞行，尤其是夜间视距外飞行。如果一定要在夜间飞行，建议在白天做好航线规划，勘察飞行区域的安全隐患，并设置好自动返航的安全高度。另外，可以考虑在无人机的下方装一个朝下的灯源，通过照亮地面，让无人机下方的视觉避障功能恢复。

飞行中：由于夜间飞行时视线不好，很难通过图传画面准确判断无人机所处的位置，所以通常不建议让无人机飞出视野范围。如果在夜间视距外飞行，要学会通过电子地图和姿态球，确定无人机的飞行路线在安全范围之内。

危机处理：如果无人机夜间视距外飞行时无法确定位置，此时需要观察电子地图或姿态球，观察无人机当前所处的位置和航向，将飞机航向调整到起飞点方向，然后轻柔打杆，及时修正方向，让无人机慢慢飞回来即可。当然，如果提前设置了安全返航高度，也可以让无人机自动返航。

8.3 / 无人机的保养与携带

无人机是一种精密设备，一旦有损坏或故障，通常要找专业维修机构来修理。为保证无人机的正常使用，需要注重无人机的日常保养。外出拍摄时，还需要了解携带无人机出行的注意事项。

8.3.1 / 无人机的保养

为延长无人机的使用寿命，保证无人机的安全飞行，保持无人机的最佳运行状态，日常需要注意对无人机的保养，主要有以下几点。

（1）专用背包保护机器

为保护无人机机身及配件不被磕碰，并且方便整理和携带，最好为无人机配备一个专用背包。无人机的专用背包分为硬壳和软壳两种，可根据具体情况加以选择。

（2）保持通风干燥

通常不建议无人机在雾、雨、雪天气飞行以及穿云飞行，原因之一是无人机在飞行过程中容易沾水、受潮。如果没有及时处理，很可能导致机身内的电子元件损坏或老化，影响无人机的使用寿命。因此，无人机飞行后应及时擦去机身上的水蒸气，并放置在通风干燥处晾干，在有条件的情况下做吸湿处理。放置背包储存时，可以在背包里放几个干燥包，避免潮湿。

（3）保护镜头和云台

相机镜头不要直接用手触摸，如果发现镜头脏了，可以用吹气球吹除灰尘，如果还有污渍，再使用镜头布配合镜头清洁剂进行清洁，不要用纸巾代替镜头布。云台也是需要经常检查的部件，经常在恶劣环境下飞行会加速云台减震球的老化，如果拍摄时镜头出现明显抖动，除了普通镜头有的"果冻"现象，就可能是云台出了问题，应及时送修或更换配件。

（4）避免灰尘和沙石的侵入

无人机是精密装置，灰尘、沙石的侵入会对无人机正常工作产生影响，因而应避免在沙尘天气飞行。另外，也应该避免在沙滩、沙土和碎石等地面起飞和降落，如果无法避免，可以在起飞和降落时使用起飞垫或机箱作为起降平台，避免尘土的进入。最重要的是，每次飞行结束后，应该对无人机进行除尘清洁操作。

（5）电池保养

电池是无人机保养的重中之重，也是无人机中最易损耗的部件之一。电池引发的问题往往比较严重，轻则"炸机"，重则引发火灾等。

电池工作的环境温度有一定的限制，一般为0℃～40℃。无论是低温飞行还是高温飞行都会使电池受到损坏，在高温环境下应避免飞行。无人机电池的使用温度高于50℃时极有可能着火和发生爆炸。如果低于0℃甚至低于–10℃起飞，应先预热再起飞，最好将电池温度升至20℃以上再进行升空飞行。那飞行过程中电池如何保温呢？可以考虑在电池上贴上保温贴纸，减缓电池在飞行过程中温度的流失速度，保持供电稳定和飞行安全。电池充电时的温度也需严格控制。夏季高温飞行后，在电池温度较高时不要立即充电，待温度降至正常温度时再进行充电。

电池的贮存同样需要注意。无人机电池理想的贮存温度是22℃～28℃，冬季储存应采取有效的保存措施，如使用保温箱储存。储存环境应保持干燥，不与其他金属物体同时放置存储。电池长期存放应保持半满电的情况，不建议满电存放，超过10天不使用电池时，可以通过开机静置或者起飞悬停的方式，将电池放电至40%～65%电量。但也不要让电池处于长期亏电的状态，以免损伤电池。如果电池亏电时间较长，电池可能进入深度睡眠模式，需要充电以唤醒。此外，为保证飞行安全，还应定期检查无人机电池，观察电池是否受损，外观是否有变形、腐蚀、鼓包等现象，如有，则不能使用，需要购置新电池。

8.3.2 携带无人机出行的注意事项

通常情况下，理想的航拍点是无人机航拍摄影摄像师追寻的地方，这就不可避免地涉及携带无人机出行的问题。由于不同的交通工具对无人机携带有着不同的要求，因此需要了解携带无人机出行的一些注意事项。

（1）飞机出行

航空公司一般会限制乘客登机行李的体积和重量，而轻型、微型无人机等体积较小的无人机尺寸通常不会超过体积和重量限制，一般可以由乘客携带登机，而超过体积和重量要求的无人机可以托运。需要注意的是，当前无人机的电池一般都是锂电池，不能托运，只能随身携带。不同航空公司对携带登机的锂电池有不同容量和数量的限制，具体的要求需要参考各航空公司的规定。一般来说，100Wh以下锂电池可以登机，可以携带多块，但每块电池必须独立包装或使用原厂包装，或者使用保鲜膜或其他绝缘体包裹进行独立分装。超过160Wh的电池一般禁止携带，但对于大多数的消费级无人机来说不会超出规定。

（2）火车出行

小型无人机可以携带上火车，但包装尺寸必须符合铁路携带物品的规定。根据2022年5月国家铁路局公布的《铁路旅客禁止、限制携带和托运物品目录》，2022年7月1日起，坐火车时携带的锂电池单块额定能量不超过100Wh，标志需清晰。

（3）汽车出行

汽车出行是最灵活的方式，没有飞机和火车的运输限制，并且方便辗转到不同场地拍摄。选择汽车出行时，可以携带一个220V的车载逆变器，用于给无人机电池充电，解决户外飞行无人机的充电问题。

 思政小课堂

通过研读2024年1月1日起施行的《无人驾驶航空器飞行管理暂行条例》，让学生在无人机航拍实践中有更多的"代入感"，不仅要树立"法制意识"，还要树立"安全意识"和"责任意识"。

参考文献

[1] 罗伊·汤普森，克里斯托弗·J.鲍恩. 镜头的语法：插图第2版 [M]. 李蕊，译. 北京：世界图书出版公司，2013.

[2] 布鲁斯·布洛克. 以眼说话：影像视觉原理及应用 [M]. 成都：四川文艺出版社，2012.

[3] 伊恩·罗伯茨. 构图的艺术 [M]. 孙惠卿，刘宏波，译. 上海：上海人民美术出版社，2012.

[4] 本·克莱门茨，大卫·罗森菲尔德. 摄影构图学 [M]. 姜雯，译. 北京：长城出版社，1983.

[5] 沃尔特·默奇. 眨眼之间 [M]. 夏彤，译. 北京：北京联合出版公司，2012.

[6] 柯林·史密斯. 无人机航空摄影与后期指南 [M]. 北京：北京科学技术出版社，2017.

[7] 康定斯基. 康定斯基论点线面 [M]. 罗世平，等译. 北京：中国人民大学出版社，2003.

[8] 埃里克·程. 无人机航拍从入门到精通 [M]. 北京：人民邮电出版社，2016.

[9] 任金洲. 电视摄像 [M]. 北京：中国传媒大学出版社，2011.

[10] 傅正义. 影视剪辑编辑艺术（修订版）[M]. 北京：中国传媒大学出版社，2009.

[11] 高宏明. 影视航拍语言 [M]. 上海：上海文艺出版社，2013.

[12] 大疆传媒. 无人机商业航拍教程 [M]. 北京：北京科学技术出版社，2020.

[13] 朱松华，赵高翔. 无人机飞行、航拍与后期完全教程 [M]. 北京：人民邮电出版社，2021.

[14] 黄立宇. 无人机航拍学 [M]. 南昌：江西人民出版社，2017.

[15] 孙明权. 无人机飞行安全及法律法规 [M]. 2版. 西安：西北工业大学出版社，2021.

[16] 栾爽. 无人机监管法律问题研究 [M]. 长春：东北师范大学出版社，2016.

[17] 徐燕明. 好莱坞早期航拍研究（1912—1944）[D]. 南京：南京航空航天大学，2020.

[18] 吴冰颖. 无人机航拍技术支撑与艺术呈现研究 [D]. 南京：南京航空航天大学，2020.

[19] Michael Freeman. The Photographer's Eye：Composition and Design for Better Digital Photographs[M]. Ilex Press，2017.

[20] Roy Thompson，Christopher J. Bowen. Grammar of the Shot，Second Edition[M]. Focal Press，2009.